"互联网+"时代创新教材

中等职业教育电气技术应用专业系列教材

可编程控制器原理及应用

蔡基锋　何军玲　主编

科学出版社

北　京

内 容 简 介

本书结合维修电工中级工、可编程控制器（PLC）程序设计师的技能要求，依据课程"可编程控制器原理及应用"的教学大纲编写。本书分为13个任务，采用"以模块为载体，以任务为中心"的教学理念，将可编程控制器原理及应用的相关知识由浅入深、循序渐进地融入各个任务中，每个工作任务按照"任务描述—学习目标—任务结构—探索新知—任务实施—评价反馈—巩固练习"等环节进行编排，任务安排遵循学生的认知规律，任务选取注重实用性和针对性，强调工学结合。

本书可作为中等职业学校电气运行与控制、机电技术应用、机器人应用技术等专业的教学用书，也可供从事 PLC 系统设计及调试的工程人员参考。

图书在版编目（CIP）数据

可编程控制器原理及应用/蔡基锋，何军玲主编. —北京：科学出版社，2018

（"互联网+"时代创新教材•中等职业教育电气技术应用专业系列教材）

ISBN 978-7-03-048002-6

Ⅰ. ①可… Ⅱ. ①蔡… ②何… Ⅲ. ①可编程控制器-中等专业学校-教材 Ⅳ. ①TP332.3

中国版本图书馆 CIP 数据核字（2016）第 065928 号

责任编辑：蔡家伦 王会明 / 责任校对：刘玉靖
责任印制：吕春珉 / 封面设计：曹 来

科学出版社 出版

北京东黄城根北街 16 号
邮政编码：100717
http://www.sciencep.com

三河市铭浩彩色印装有限公司印刷
科学出版社发行 各地新华书店经销

*

2018 年 2 月第 一 版 开本：787×1092 1/16
2018 年 2 月第一次印刷 印张：14 1/4
字数：334 000

定价：38.00 元

（如有印装质量问题，我社负责调换〈骏杰〉）
销售部电话 010-62136230 编辑部电话 010-62135397-2008

本书编写人员

主　编　蔡基锋　何军玲
参　编　曾宝莹　叶健滨　陈燕莲　余　滨　叶俊杰
　　　　吴伟鹏　林远胜　陈宝华
主　审　宋　建
顾　问　周伟贤　陈　凯　黄伟明　梁兆明　岑慧仪

前　言
PREFACE

经济的不断发展、产业结构的不断调整与产业技术的升级，对机电一体化技术人员提出了更高的要求。为培养更贴近行业发展的技能人才，满足机电行业对人才的需求，编者特编写了本书。本书结合机电一体化专业的教学大纲和人才培养方案，积极推进一体化教学体系改革，大胆尝试任务引领的一体化教学新模式。

本书的编写主要从 4 个方面出发：一是力求所选择的任务能符合企业生产实际需要；二是力求所选择的任务能反映 PLC（可编程控制器）新技术的应用；三是力求所选择的任务能体现 PLC 从业人员的实际工作内容和技能水平，具有一定的广度和深度；四是力求所选择的任务具有很强的可操作性。

本书特色如下。

1）内容涵盖面广，知识点层次分明，重点突出。本书共有 13 个任务，分别是门铃的控制、自动扶梯连续运行的控制、垂直电梯的升降控制、供水水泵的起动控制、智能洗衣机的控制、洗衣液装置的控制、快递物件分拣系统的控制、智能交通系统的控制、机械手夹放物料的控制、隧道风机的控制、广告彩灯的控制、自动售货机的控制、生产工位呼叫系统的控制，各任务详细分析了自动控制中 PLC 的工作原理、PLC 控制系统的设计方法及实例应用等内容。本书通过精心设计典型的任务，引导学生在完成任务的同时学习专业知识，掌握专业技能，从而在工作过程中逐渐提高职业能力，达到培养学生掌握一技之长的目的。

2）实用性强，通俗易懂。编者根据多年的教学和企业实践经验，在编写本书的过程中坚持"做中学、做中教"的原则，努力做到理论与实践相结合，侧重实践操作技能的提升，着重培养学生的综合职业能力、创新能力。本书的理论知识以够用为度，采用生产、生活中的典型实例，循序渐进、深入浅出，力求使中等职业学校的学生看得懂、学得懂、愿意学。

3）可操作性强。结合实训设备，可实现本书中的全部任务及拓展训练。

4）配套教学资源。本书提供的数字资源可扫书中二维码学习，也可到 www.abook.cn 网站下载使用。

本书由蔡基锋、何军玲担任主编，曾宝莹、陈燕莲、叶健滨、叶俊杰、余滨、林远胜、吴伟鹏、陈宝华等参与本书的编写和教材资源的建设。全书由蔡基锋进行统稿并作修改，华南理工大学宋建高级工程师负责主审，周伟贤、陈凯、岑慧仪等在本书编写过程中提出了宝贵的意见和建议。

编者在编写本书的过程中得到了广州市教育研究院、广州市轻工职业学校、广州市轻工技师学院、广州市市政职业学校、广州市土地房产管理职业学校、广州市白云行知职业技术学校、厦门市集美职业技术学校各级领导、老师的大力支持和帮助，同时广东省自动化与信息技术转移中心黄伟明主任、广州鹭岛自动化设备有限公司梁兆明高级工程师对本书的修改和补充也提出了宝贵的意见，在此一并表示感谢。

限于编者的水平和经验，书中难免会有不妥和疏漏之处，恳请广大读者批评指正。

目　录
CONTENTS

模块一

初识 PLC

任务一　门铃的控制

任务描述

　　随着经济和社会的不断发展，工业生产自动化的要求越来越高，作为典型的自动化控制产品——可编程控制器（下面简称PLC）的使用越来越广泛。例如，住宅小区里的门铃，当探访者到来时通过按门铃告知住户，然后住户开门。本任务以使用PLC控制门铃为载体，介绍有关PLC的概念、组成、工作原理、编程语言、编程软件、编程软元件的使用等方面的基础知识，并通过任务实施说明PLC控制系统的设计、调试与运行的方法和步骤。

学习目标

1）能叙述PLC产生的背景、功能、分类及性能指标。

2）能说出PLC的构成及工作原理。

3）会识别PLC的类型。

4）会在微机环境下安装GX Developer编程软件。

5）会使用三菱GX Developer编程软件，运用梯形图输入法正确输入梯形图。

6）能实现PLC软件编译、下载、运行和调试程序。

7）能解释输入继电器X和输出继电器Y的使用方法。

8）能描述PLC实现门铃控制的过程。

9）能运用LD、LDI、OUT、END指令完成门铃控制的程序设计与调试。

10）能根据控制要求灵活运用经验法，按照梯形图的设计原则，将电气控制电路转换成梯形图。

11）能实现PLC与控制板之间的安装接线，完成门铃控制的运行、程序调试。

课件：门铃的控制

任务结构

门铃的控制
- 一、明确任务
- 二、探索新知
  - 1. PLC的产生
  - 2. PLC的特点
  - 3. PLC的应用
  - 4. PLC的发展方向
  - 5. PLC的基本组成
  - 6. 学习PLC应做的准备
  - 7. PLC的工作方式
  - 8. 循环扫描工作方式
  - 9. 扫描周期的计算
  - 10. PLC常用的编程语言
  - 11. 三菱PLC的常用产品型号
  - 12. PLC的相关参数
  - 13. 门铃的控制过程及系统的输入/输出端口
  - 14. 门铃控制电路与PLC梯形图的转换
  - 15. 门铃控制电路PLC梯形图需要的指令
  - 16. 输入/输出继电器
- 三、任务实施
  - 1. 系统设计
    - ① 列出I/O分配表
    - ② 绘制PLC接线图
    - ③ 编写程序
  - 2. 有关设备与工具准备
    - ① 填写设备清单
    - ② 填写工具清单
  - 3. 接线与调试、运行
    - ① 安装接线
    - ② 输入程序，并调试、运行
    - ③ 填写任务实施记录表
- 四、评价反馈
- 五、巩固练习

探索新知

◎ **问题引导 1：PLC 是如何产生的？**

在 20 世纪 60 年代，随着生产技术的发展、生产规模的扩大和市场竞争的日趋激烈，继电器-接触器控制系统的单一性和控制功能简单（局限于逻辑控制和定时、计数等简单控制）的缺点逐渐暴露出来。因此，需要有一种能够适应产品更新快、生产工艺和流程经常变化等控制要求的工业控制装置，以取代继电器-接触器控制系统。

可编程控制器的英文名称为 Programmable Logic Controller，译为可编程逻辑控制器，简称 PLC，是一种数字运算操作的电子系统，专为在工业环境下的应用而设计。随着微电子技术、计算机技术和数字控制技术的迅速发展，可编程控制器因其应用面广泛、功能强大、使用方便等优点，很快成为当代工业自动化的主要支柱之一。第一台 PLC 由美国数字设备公司（DEC 公司）于 1969 年发明。

◎ **问题引导 2：PLC 有什么特点？**

1）可靠性高，抗干扰能力强。高可靠性是电气控制设备的关键性能。PLC 是专为工业控制设计的，在设计和制造过程中采用严格的生产工艺制造，在硬件和软件上都采用了许多抗干扰的措施，如屏蔽、滤波、隔离、故障诊断和自动恢复等；同时 PLC 是以集成电路为基本器件的电子设备，没有真正的接点，器件的使用寿命长，这些都大大提高了 PLC 的可靠性和抗干扰能力。

2）编程方法简单易学。PLC 作为通用工业控制计算机，是面向工厂企业的工业控制设备，所以它采用了大多数技术人员熟悉的梯形图语言。梯形图语言与继电器原理相似，形象直观，易学易懂。

3）系统的设计、安装、调试、维修工作量少，维护方便。PLC 硬件装置品种齐全，可以组成能满足各种要求的控制系统，用户不必自己再设计和制作硬件装置。硬件确定以后，在生产工艺流程改变或生产设备更新的情况下，不必改变 PLC 的硬件设备，只需改编程序就可以满足要求。因此，PLC 除应用于单机控制外，在工厂自动化中也被大量采用。

在传统的继电器控制系统中，逻辑控制功能是通过导线来实现的，要改变控制功能，就必须改变导线的接线方式。PLC 用软元件取代了继电器控制系统中各种功能的继电器，内部不需接线和焊接，只要进行外部接线和程序编写即可，通过执行存储器中的程序实现系统的控制要求。

4）功能强大，性价比高。现代 PLC 不仅有逻辑运算、计时、计数、顺序控制等功能，还具有数字量的输入/输出、功率驱动、通信、人机对话、自检、记录显示等功能，既可控制一台生产机械、一条生产线，又可控制一个生产过程。

5）配套齐全，使用方便。目前 PLC 的产品已经标准化、系列化、模块化，具有各种数字量、模拟量的输入/输出接口，用户可以根据需求灵活地对系统进行控制。另外，随着 PLC 通信能力的增强及人机界面技术的发展，使用 PLC 组成各种控制系统变得非常容易。

6）体积小，功耗低，寿命长。PLC 是将微电子技术应用于工业设备的产品，其结构紧凑、坚固，体积小，质量小，功耗低，并且由于 PLC 的强抗干扰能力，易于装入设备内部，是实现机电一体化的理想控制设备。

◎ **问题引导 3：PLC 主要应用在什么地方？**

1）用于逻辑控制。
2）用于运动控制。
3）用于过程控制。
4）用于数据处理。
5）用于通信联网。

◎ **问题引导 4：PLC 未来可以向哪些方向发展？**

PLC 自问世以来，经过了多年的发展，已成为很多国家的重要产业，PLC 在国际市场上已成为最受欢迎的工业控制产品。随着科技的发展及市场需求量的增加，PLC 的结构和功能在不断改进，生产厂家将更优的 PLC 产品不断地推入市场，平均 3～5 年就更新一次。

PLC 的发展方向主要有以下几个方面。
1）体积微型化，运行速度更快。
2）更具兼容性、多功能、高可靠性。
3）通信网络化。
4）机电一体化，与其他工业控制产品相结合。

◎ **问题引导 5：PLC 的基本组成有哪些？**

PLC 通常由基本单元、扩展单元、扩展模块及特殊功能模块组成。基本单元包括中央处理器（CPU）、存储器、输入/输出（I/O）单元和电源，它是 PLC 控制的核心。扩展单元是扩展 I/O 点数的装置，内部有电源。扩展模块用于增加 I/O 点数和改变 I/O 点数的比例，内部没有电源，由基本单元或扩展单元供电。扩展单元和扩展模块内无 CPU，必须与基本单元一起使用。特殊功能模块是一些具有特殊用途的装置。

◎ **问题引导 6：学习 PLC 需从哪些方面做好准备？**

学习 PLC 要在硬件和软件两个方面做好准备。

1. 硬件

硬件就是看得见、摸得到的实体。

PLC 作为工业控制的专用电子计算机，其硬件结构与微机相似，主要包括 CPU、存储器、输入单元、输出单元、电源单元、扩展接口、存储器接口、编程器接口及编程器，其结构框图如图 1-1 所示。

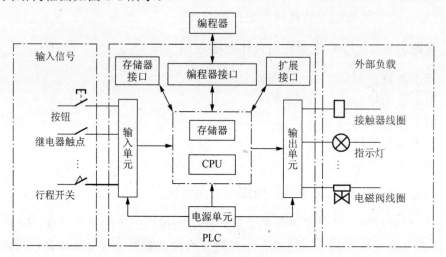

图 1-1　PLC 的结构框图

（1）CPU

CPU 相当于人的大脑和心脏，它不断地采集输入信号，执行用户程序，刷新系统的输出。

（2）存储器

存储器用于存放程序和数据。PLC 的存储器分为系统程序存储器和用户程序存储器，前者用于固化系统管理和监控程序，因厂家固定，用户不能更改；后者用于存放用户编制的程序，即 PLC 说明书中给出的"内存容量"或"程序容量"。

（3）I/O 单元

I/O 单元是 PLC 与外围设备连接的接口。外围设备输入 PLC 的各种信号（按钮开关、传感器输出等）都需要通过输入单元的转换和处理才可以传给 CPU。CPU 的输出信号也只有通过输出单元的转换和处理才能够驱动执行机构（电磁阀、接触器等）。

1）输入单元。PLC 的输入电路包括光耦合器和 RC 滤波器，用于消除输入触点抖动和外部噪声干扰。外部输入器件可以是无源触点或有源传感器，连接方式如图 1-2 所示。由图 1-2 中可以看出，输入信号连接于输入端子（如 X000、X001）和输入公共端 COM 之间，当有输入信号（开关闭合或传感器接通）时，则输入信号通过光电耦合电路耦合到 PLC 内部电路，并使发光二极管（LED）亮，指示有输入信号。

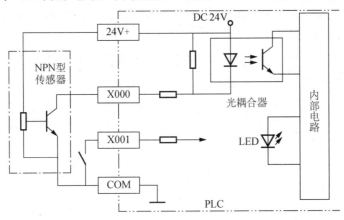

图 1-2　PLC 的输入电路

2）输出单元。PLC 的输出电路有 3 种形式：继电器输出、晶体管输出和晶闸管输出，如图 1-3 所示。不同的输出形式适用于不同类型的负载。其中，继电器输出型为有触点输出方式，一般适用于低速、大功率交/直流负载；晶体管输出型和晶闸管输出型均为无触点输出方式，晶体管输出型一般适用于高速、小功率直流负载，晶闸管输出型一般适用于高速、大功率交流负载。

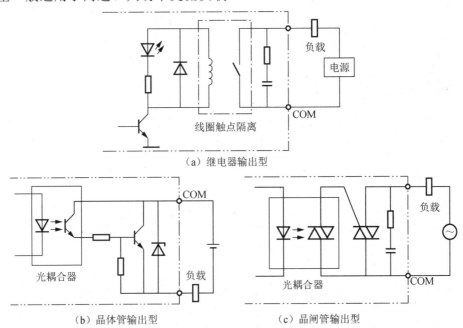

图 1-3　PLC 的输出电路

（4）电源单元

PLC 的供电电源一般是市电，也可用 DC 24V 电源供电。PLC 内部含有一个稳压电源，主要对 CPU 和 I/O 单元供电，小型 PLC 的电源一般和 CPU 合为一体，大中型 PLC 都有专门的电源单元。有些 PLC 还有 DC 24V 输出，用于对外部传感器供电，但输出的电流很小，一般只有毫安级。

（5）扩展接口

扩展接口以总线的形式连接 I/O 扩展单元，也可连接模拟量处理模块、通信模块等。

（6）编程器接口

PLC 基本单元通常不带编程器，为了能对 PLC 进行现场编程及监控，PLC 基本单元上专门设置有编程器接口。通过编程器接口可以连接各种类型的编程装置，还可以利用此接口做一些监控工作。

（7）编程器

编程器用来生成用户程序，并对它进行编辑、检查和修改，有的还可以用来监视系统运行的情况。

2. 软件

软件主要是指各种计算机的程序。

PLC 专用编程器只能对某一 PLC 生产厂家的产品编程，使用范围和使用寿命有限，价格也较高，其发展趋势是在计算机上使用编程软件。笔记本式计算机配上编程软件，很适合在现场调试程序。

◎ 问题引导 7：PLC 是怎样工作的？

PLC 虽然具有微机的许多特点，但其工作方式却与微机有所不同。微机一般采用等待命令的工作方式，而 PLC 则采用周期循环扫描的工作方式。

◎ 问题引导 8：什么是循环扫描工作方式？

PLC 有 2 种基本的工作模式，即运行（RUN）模式与停止（STOP）模式。在运行模式，PLC 通过反复执行用户程序来实现控制功能。为了使 PLC 的输出及时地响应随时可能变化的输入信号，用户程序不是只执行一次，而是不断地重复执行，直至 PLC 停机或切换到停止模式。

除了执行用户程序之外，在每次循环过程中，PLC 还要完成内部处理、通信处理等工作，一次循环可以分为 5 个阶段（图 1-4）。由于计算机执行指令的速度极高，从外部输入、输出关系来看，处理过程基本是同时完成的。

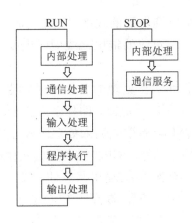

图 1-4　PLC 的扫描过程

（1）内部处理阶段

在内部处理阶段，PLC 首先诊断自身硬件是否正常，然后将监视定时器复位，并完成一些其他内部工作。

（2）通信处理阶段

在通信处理阶段，PLC 要与其他智能装置进行通信，响应编程器输入的命令，更新编程器的显示内容。

PLC 处于 STOP 模式时，只执行以上 2 个阶段操作；PLC 处于 RUN 模式时，还要完成下面 3 个阶段的操作。

（3）输入处理阶段

输入处理又称为输入采样，在输入处理阶段，PLC 把所有外部输入电路的状态读入输入继电器。外部输入电路接通时，对应的输入继电器状态为 1，梯形图中对应的输入继电器动合触点接通，动断触点断开；外部输入电路断开时，对应的输入继电器状态为 0，梯形图中对应的输入继电器动合触点断开，动断触点接通。

（4）程序执行阶段

在程序执行阶段，即使外部输入信号的状态发生变化，输入继电器的状态也不会随之改变，输入信号发生变化的状态只能在下一个扫描周期的输入处理阶段被读入。

PLC 的用户程序由若干条指令组成，指令在存储器中按步序号顺序排列，根据 PLC 梯形图扫描原则，按从上到下、从左到右的顺序，逐行逐句扫描，执行程序。若遇到程序跳转指令，则根据跳转条件是否满足来决定程序的跳转地址。

（5）输出处理阶段

输出处理又称为输出刷新，在输出处理阶段，CPU 将输出单元的状态送到输出端子。梯形图中某一输出继电器的线圈"通电"时，对应的输出单元状态为 1，在输出处理阶段之后，该单元中对应的继电器线圈通电或晶体管、晶闸管器件导通，外部负载通电工作；梯形图中某一输出继电器的线圈"断电"时，对应的输出单元状态为0，在输出处理阶段之后，该单元中对应的继电器线圈断电或晶体管、晶闸管器件关断，外部负载断电，停止工作。

PLC 输入处理、程序执行和输出处理的工作过程如图 1-5 所示。循环扫描的工作方式是 PLC 的一大特点，在程序执行阶段，即使输入信号的状态发生变化，输入继电器的内容也不会变化，要等到下一周期的输入处理阶段才能改变。暂存在输出单元中的输出信号要等到一个循环周期结束，CPU 集中将这些输出信号全部送给输出端子，才能对外起作用。由此可见，全部输入/输出状态的改变需要一个扫描周期。换言之，输入/输出的状态要保持一个扫描周期，提高了 PLC 的抗干扰能力。

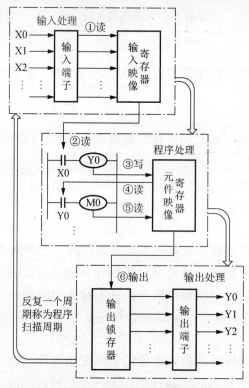

图 1-5 PLC 工作过程

◎ 问题引导 9：扫描周期怎样计算？

PLC 在 RUN 工作模式下，执行一次图 1-4 所示的扫描操作所需要的时间称为扫描周期，扫描周期与用户程序的长短、指令的种类和 CPU 执行指令的速度有很大关系，其典型值为 1～100ms。当用户程序较长时，指令执行时间在扫描周期中占相当大的比例。

◎ **问题引导 10：PLC 常用的编程语言有哪些?**

PLC 是一种工业计算机,不但要有硬件,软件也必不可少。PLC 的软件包括监控程序和用户程序两大部分。监控程序是由 PLC 厂家编制的,用于控制 PLC 本身的运行。监控程序包含系统管理程序、用户指令解释程序、标准程序模块和系统调用三大部分,其功能的强弱直接决定一台 PLC 的性能。用户程序是 PLC 的使用者编制的,用于实现对具体生产过程的控制,用户程序可以是梯形图、指令表、高级语言、汇编语言等。三菱 PLC 常用的编程语言有梯形图、指令表、顺序功能图,如图 1-6 所示。

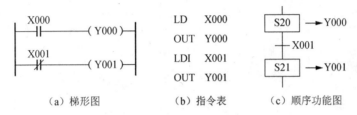

（a）梯形图 （b）指令表 （c）顺序功能图

图 1-6　PLC 常用的编程语言

◎ **问题引导 11：三菱 PLC 有哪些常用产品型号?**

三菱公司 20 世纪 80 年代推出了 F 系列小型 PLC,20 世纪 90 年代初 F 系列被 F1 系列和 F2 系列取代,后来又相继推出了 FX2、FX2C、FX0、FX0N、FX0S 等系列产品。目前,三菱公司的 FX 系列产品样本中仅有 FX1S、FX1N、FX2N 和 FX2NC 4 个子系列,与过去的产品相比,其在性价比上又有明显的提高,可满足不同用户的需要。随着市场的需求和技术的进步,三菱公司又研发了功能更强、扩展性更丰富的 FX3U 和 FX3G 两个新品种,并且已经上市。

FX 系列是国内使用得较多的 PLC 系列产品之一,特别是近年推出的 FX2N 系列 PLC,具有功能强、应用范围广、性价比高的特点,并且有很强的网络通信功能,最多可扩展到 256 个 I/O 点,可满足大多数用户的需要,在国内占有很大的市场份额。所以,本书将以 FX2N 系列为讲授对象,介绍其原理及应用。有关 PLC 的资料可以到中国工控网（http://www.gongkong.com）下载。

FX 系列 PLC 各部件的名称如图 1-7 所示,型号命名格式及其含义如图 1-8 所示。

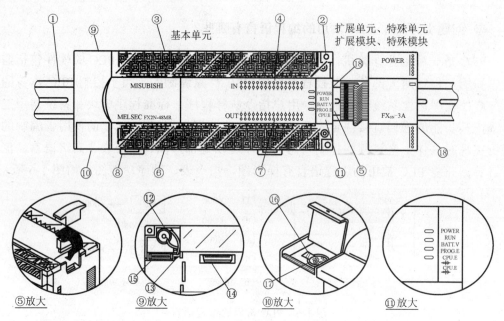

① 35mm宽DIN导轨
② 安装孔4个（φ4.5mm）
　（32点以下者2个）
③ 电源、辅助电源、输入信号用的装卸式端子
　台（带盖板，FX$_{2N}$-16M除外）
④ 输入指示灯
⑤ 扩展单元、扩展模块、特殊单元，特殊模
　块接线插座、盖板
⑥ 输出用的装卸式端子台
　（带盖板，FX$_{2N}$-16M除外）
⑦ 输出动作指示灯
⑧ DIN导轨装卸用卡子
⑨ 面板盖
⑩ 外围设备接线插座、盖板

⑪ 动作指示灯
　POWER：电源指示灯
　RUN：运行指示灯
　BATT.V：电池电压下降指示灯
　PROG.E：出错指示闪烁（程序出错）
　CPU.E：出错指示亮灯（CPU出错）
⑫ 锂电池（F$_2$-40BL，标准装备）
⑬ 锂电池连接插座
⑭ 另选存储器滤波器安装插座
⑮ 功能扩展板安装插座
⑯ 内置RUN/STOP开关
⑰ 编程设备、数据存储单元接线插座
⑱ 产品型号指示

图 1-7　FX 系列 PLC 各部件的名称

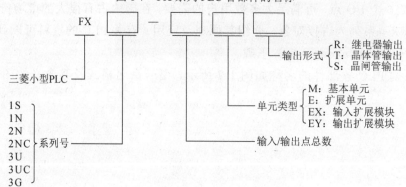

图 1-8　PLC 的型号命名格式及其含义

◎ **问题引导 12：观察图 1-9，说出 PLC 的品牌、序列号，以及其他相关信息。**

1）PLC 品牌：_____。
2）PLC 系列号：_____。
3）I/O 总点数：_____。
4）单元类型：_____。
5）输出形式：_____。

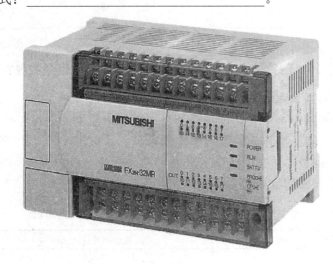

图 1-9　PLC

◎ **问题引导 13：根据门铃控制电路图（图 1-10），补充叙述门铃的控制过程，确定系统的输入/输出端口。**

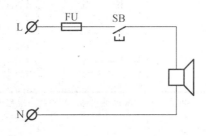

图 1-10　门铃控制电路图

1）按下 SB 按钮，门铃_____。
2）松开 SB 按钮，门铃_____。

在控制电路中，按钮属于控制信号，应作为 PLC 的输入量分配接线端子；门铃属于被控对象，应作为 PLC 的输出量分配接线端子。

◎ **问题引导 14：如何将门铃控制电路转换成 PLC 梯形图？**

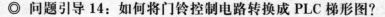

◎ **问题引导 15：门铃控制电路 PLC 梯形图需要哪些指令实现？**

PLC 梯形图的基本指令有 LD、LDI、OUT、END。

PLC 的指令有基本指令和功能指令两种。指令一般由助记符和操作元件组成。助记符表示操作的功能，操作元件表示操作的对象。

（1）逻辑取（LD）、取反（LDI）和线圈驱动指令（OUT）

1）指令的相关知识如表 1-1 所示。

表 1-1　逻辑取、取反和线圈驱动指令的相关知识

助记符	功能	回路表示和可用软元件	程序步
LD（取）	动合触点逻辑运算开始	X,Y,M,S,T,C	1
LDI（取反）	动断触点逻辑运算开始	X,Y,M,S,T,C	1
OUT（输出）	线圈驱动	Y,M,S,T,C	Y,M：1　S：特殊 M：2　T：3 C：3-5

注：X 为输入继电器，Y 为输出继电器，M 为辅助继电器，S 为状态继电器，T 为定时器，C 为计数器。

2）使用举例，如图 1-11 所示。

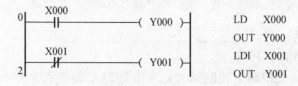

```
0   X000
    ┤├              ─( Y000 )─        LD    X000
                                      OUT   Y000
    X001
2   ┤/├             ─( Y001 )─        LDI   X001
                                      OUT   Y001
```

图 1-11　逻辑取和线圈驱动指令

3）使用说明：在触点混联组成的电路块（图 1-12）中，电路块的第一个触点（起点）要使用 LD 或 LDI 指令。

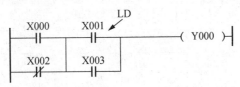

图 1-12 触点混联组成的电路块

OUT 指令可以连续并联使用，但不能串联使用。当 OUT 指令用于定时器 T 或计数器 C 时，指令后要加一条常数设定值语句，如图 1-13 所示。

图 1-13 OUT 指令用于定时器 T

（2）结束（END）指令

1）结束指令的相关知识如表 1-2 所示。

表 1-2 结束指令的相关知识

助记符	功能	回路表示和可用软元件		程序步
END 结束	输入/输出处理以及返回到 0 步	⊢⊣⊢─[END]─⊣	软元件：无	1

2）使用举例，如图 1-14 所示。

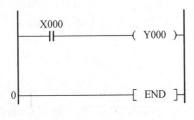

图 1-14 结束指令

3）使用说明：可编程控制器反复进行输入处理、程序执行和输出处理。若在程序的最后写入 END 指令，则 END 以后的其余程序步不再执行，而直接进行输出处理。当程序中没有 END 指令时，FX 可编程控制器一直处理到最终的程序步，然后从 0 步开始重复处理。

在调试阶段，在各程序段插入 END 指令，可依次检出各程序段的动作。这时，在确认前面回路动作正确无误后，依次删去 END 指令。

◎ 问题引导 16：梯形图里面的 X、Y 是什么元器件？

下面以图 1-15 所示输入/输出继电器来进行说明。

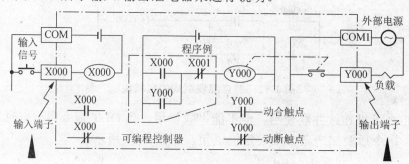

图 1-15 输入/输出继电器

（1）输入继电器 X

功能：PLC 接收外部输入信号的唯一窗口。

符号：用符号"X□□□"表示，排列序号采用八进制。

使用：输入点状态由输入设备所输入的信号决定，每一个输入点对应一个输入继电器。

特点：当等效的输入线圈得电时，其动合触点接通，动断触点断开；当等效的输入线圈失电时，其触点恢复原状态。

触点的特点如下。

1）状态由对应的外部输入电路的状态决定，不受内部程序控制。

2）用户程序只能使用其动合或动断"软触点"。

3）程序中的动合触点和动断触点可以无限次使用。

（2）输出继电器 Y

功能：PLC 向外接设备输出信号的窗口。

符号：用符号"Y□□□"表示，排列序号采用八进制。

使用：每一个输出点对应一个输出继电器，输出继电器负责驱动外部负载。

特点：当等效的输出线圈得电时，其触点动作，对应的负载被驱动；当等效的输出线圈失电时，其触点复位，负载停止工作。

触点的特点如下。

1）受内部用户程序控制。

2）外部负载只能用输出继电器驱动，输出继电器 Y 的动合触点和动断触点可无限次使用。

3）PLC 输出端电源电压由所选设备决定。

任务实施

一、系统设计

1）列出门铃控制的I/O分配表（表1-3）。

表1-3　I/O分配表

输入		输出	
SB 按钮	X1	门铃	Y0

2）绘制门铃控制的PLC外部接线图（图1-16）。

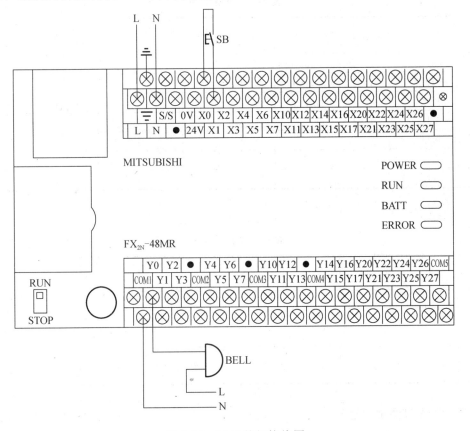

图1-16　PLC外部接线图

3）编写门铃控制程序（图1-17）。

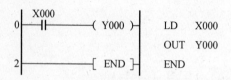

图 1-17   门铃控制梯形图与指令表

二、有关设备与工具准备

1）填写设备清单（表 1-4）。

表 1-4   设备清单

序号	名称	数量	型号规格	单位	借出时间	借用人签名	归还时间	归还人签名	管理员签名	备注
1	安装板	1	600mm×800mm	块						
2	PLC	1	FX_{2N}-48MR	台						
3	导轨	0.3	DIN	m						
4	微机	1		台						
5	按钮	1		个						
6	门铃	1		个						
7	导线	10	$BVR7/mm^2$	m						

2）填写工具清单（表 1-5）。

表 1-5   工具清单

序号	名称	型号规格	单位	申领数量	实发数量	归还时间	归还人签名	管理员签名	备注

三、接线与调试、运行

1）选好元器件、按设计的接线原理图进行安装接线。

2）输入程序，并调试、运行。

特别提示：

① 切记梯形图编程的基本原则。

② 工作时，出现事故应立即切断电源并报告指导老师。

3）填写门铃控制任务实施记录表（表 1-6）。

表 1-6　门铃控制任务实施记录表

任务名称		门铃的控制				
班级		姓名		组别		日期	
学生过程记录						完成情况
元器件选择正确						
电路连接正确						
I/O 分配表填写正确						
PLC 接线图绘制正确						
程序编写正确						
调试记录：小组派代表展示调试效果，接受全体同学的检查，测试控制要求的实现情况，记录过程。 1）按下 SB 按钮，会出现的现象为 2）松开 SB 按钮，会出现的现象为						

评价反馈

填写门铃控制评价表（表 1-7）。

表 1-7　门铃控制评价表

项目内容	配分	评分标准	评分			
			互检		专检	
			扣分	得分	扣分	得分
电路设计	20 分	1）输入/输出地址遗漏或错误，每处扣 1 分，最多扣 5 分 2）梯形图表达不正确或画法不规范，每处扣 1 分，最多扣 5 分 3）接线图表达不正确或画法不规范，每处扣 1 分，最多扣 5 分 4）指令有错，每条扣 1 分，最多扣 5 分				
安装接线	30 分	1）接线不紧固、不美观，每根扣 2 分，最多扣 10 分 2）接点松动、遗漏，每处扣 0.5 分，最多扣 5 分 3）损伤导线绝缘或线芯，每根扣 0.5 分，最多扣 5 分 4）不按 PLC 控制 I/O 接线图接线，每处扣 2 分，最多扣 10 分				
程序输入与调试	40 分	1）不会熟练操作计算机键盘输入指令，每处扣 1 分，最多扣 5 分 2）不会用删除、插入、修改指令，每项扣 1 分，最多扣 5 分 3）1 次试车不成功扣 8 分，2 次试车不成功扣 15 分，3 次试车不成功扣 30 分				
安全文明生产	10 分	1）违反操作规程，产生不安全因素，酌情扣 5～7 分 2）未按管理要求对实训室进行整理与清扫，酌情扣 1～3 分				

续表

项目内容	配分	评分标准	评分			
			互检		专检	
			扣分	得分	扣分	得分
学习心得		根据学习过程谈谈自己的学习感受，如学习收获、遇到的困难、努力方向				

综合评定：

互检得分：　　　　专检得分：　　　　综合得分：

说明：综合得分＝0.3×互检＋0.7×专检

填写门铃控制学习任务评价表（表1-8）。

表1-8　门铃控制学习任务评价表

评价指标	评价等级			
	A	B	C	D
出勤情况				
工作页填写				
实施记录表填写				
工具的摆放				
清洁卫生				

总体评价（学习进步方面、今后努力方向）：

教师签名：　　　　　　　　　　　　　　　　　　年　　月　　日

巩 固 练 习

一、问答题

1．什么是PLC？工业控制中，PLC主要有哪些应用？

2．PLC主要由哪几部分组成？

3．什么是硬件？什么是软件？PLC的硬件配置主要有哪些？

4．PLC有几种编程语言？

5．什么是PLC的循环扫描工作方式？什么是PLC的扫描周期？简述PLC的工作原理。

二、选择题

1．FX$_{2N}$-64M 可编程控制有（　　）个输出点。

　　A．64　　　　　　B．48　　　　　　C．32　　　　　　D．24

2．一般可编程控制器有（　　）种输出方式。

　　A．2　　　　　　B．3　　　　　　C．4　　　　　　D．5

3．PLC 输出端子上的输出状态由（　　）中的状态决定。

　　A．输入映像寄存器　　　　　　B．元件映像寄存器

　　C．输出寄存器　　　　　　　　D．输出锁存器

4．FX$_{2N}$-64M 可编程控制有（　　）个输入点。

　　A．64　　　　　　B．48　　　　　　C．32　　　　　　D．24

5．PLC 继电器输出方式响应时间是（　　）。

　　A．0.2ms 以下　　　　　　　　B．1ms 以下

　　C．约 10ms　　　　　　　　　 D．约 30ms

6．（　　）是 PLC 使用较广的编程方式。

　　A．功能表图　　　B．梯形图　　　C．位置图　　　D．逻辑图

7．PLC（　　）阶段根据读入的输入信号状态解读用户程序逻辑，按用户逻辑得到正确的输出。

　　A．输出采样　　　B．输入采样　　　C．程序执行　　　D．输出刷新

8．FX$_{2N}$ PLC DC 24V 输出电源可以为（　　）供电。

　　A．电磁阀　　　　　　　　　　B．交流接触器

　　C．负载　　　　　　　　　　　D．光电传感器

9．FX$_{2N}$ PLC（　　）输出反应速度比较快。

　　A．继电器型　　　　　　　　　B．晶体管和晶闸管型

　　C．晶体管和继电器型　　　　　D．继电器型和晶闸管型

10．PLC 是按集中输入、集中输出，周期性（　　）的方式进行工作的。

　　A．并行扫描　　　　　　　　　B．循环扫描

　　C．一次扫描　　　　　　　　　D．多次扫描

11．PLC 主要由（　　）、存储器、输入单元、输出单元、电源单元、扩展接口、存储器接口、编程器接口和编程器组成。

　　A．CPU　　　　　B．UPS　　　　　C．ROM　　　　　D．RAM

12．FX$_{2N}$-20MT PLC 表示（　　）类型。

　　A．继电器输出　　　　　　　　B．晶闸管输出

　　C．晶体管输出　　　　　　　　D．单结晶体管输出

13．PLC 采用了一系列可靠性设计，如（　　）、断电保护、故障诊断和信息保

护及恢复等。

    A．简单设计   B．简化设计   C．冗余设计   D．功能设计

14．PLC 采用大规模集成电路构成的（　　　）和存储器来组成逻辑部分。

    A．运算器   B．微处理器   C．控制器   D．累加器

15．PLC 由（　　　）组成。

    A．输入部分、逻辑部分和输出部分

    B．输入部分和逻辑部分

    C．输入部分和输出部分

    D．逻辑部分和输出部分

16．FX_{2N} 系列 PLC 输入继电器用（　　　）表示。

    A．X   B．Y   C．T   D．C

17．PLC 是在（　　　）基础上发展起来的。

    A．继电控制系统   B．单片机

    C．工业计算机   D．机器人

18．PLC 是一种专门在（　　　）环境下应用而设计的数字运算操作的电子装置。

    A．工业   B．军事   C．商业   D．农业

19．世界上第一台 PLC 是（　　　）年研制出来的。

    A．1968   B．1969   C．1978   D．1979

20．输入动合触点的快捷键是（　　　）。

    A．F5   B．F6   C．F7   D．F8

21．PLC 输入模块出现故障，可能是（　　　）造成的。

    A．供电电源   B．端子接线

    C．模板安装   D．以上都是

22．PLC 中"24DC"灯熄灭，表示无相应的（　　　）输出。

    A．交流电源   B．直流电源

    C．后备电源   D．以上都是

23．（　　　）是 PLC 的编程基础。

    A．梯形图   B．逻辑图   C．位置图   D．功能表图

24．各种型号 PLC 的编程软件是（　　　）。

    A．用户自编的   B．自编的

    C．不通用的   D．通用的

25．PLC 程序检查包括（　　　）。

    A．语法检查、电路检查、其他检查

    B．代码检查、语法检查

    C．控制电路检查、语法检查

    D．主回路检查、语法检查

26．PLC 总体检查时，首先检查电源指示灯是否亮，如果不亮，则检查（　　）。

　　A．电源电路

　　B．有何异常情况发生

　　C．熔丝是否完好

　　D．输入/输出是否正常

27．下列关于 PLC 控制系统设计的步骤描述有误的是（　　）。

　　A．正确选择 PLC 对于保证控制系统的技术和经济性能指标具有重要的作用

　　B．深入了解控制对象及控制要求是 PLC 控制系统设计的基础

　　C．系统交付前，要根据调试的最终结果整理出完整的技术文件

　　D．PLC 的程序调试直接在现场进行

28．PLC 编程软件的功能不包括（　　）。

　　A．纠错　　　　　B．读入　　　　　C．监控　　　　　D．仿真

29．无论更换输入模块还是更换输出模块，都要在 PLC（　　）情况下进行。

　　A．RUN　　　　　　　　　　B．通电

　　C．断电　　　　　　　　　　D．以上都是

30．PLC 与计算机通信设置的内容是（　　）。

　　A．输出设置　　　　　　　　B．输入设置

　　C．串口设置　　　　　　　　D．以上都是

31．PLC 程序下载时应注意（　　）。

　　A．在任何状态下都能下载程序

　　B．可以不用数据线

　　C．PLC 不能断电

　　D．以上都是

32．PLC 编程软件可以对（　　）进行监控。

　　A．传感器　　　　　　　　　B．行程开关

　　C．输入/输出及存储器　　　　D．控制开关

33．三菱 GX Developer PLC 编程软件可以对（　　）PLC 进行编程。

　　A．A 系列　　　B．Q 系列　　　C．FX 系列　　　D．以上都可以

34．PLC 程序能对（　　）进行检查。

　　A．输出量　　　　　　　　　B．模拟量

　　C．晶体管　　　　　　　　　D．双线圈、指令、梯形图

35．PLC 编程软件通过计算机可以对 PLC 实施（　　）。

　　A．编程　　　　B．运行控制　　　C．监控　　　D．以上都是

36．以下对于 PLC 输入模块的故障处理方法，不正确的是（　　）。

　　A．有输入信号但是输入模块指示灯不亮时，应检查输入电源是否正负极接反

　　B．指示灯不亮，用万用表检查有电压，直接说明输入模块烧坏了

C. 出现输入故障时，首先检查 LED 灯电源指示器是否响应现元件（如按钮 行程开关）

D. 若一个 LED 逻辑指示器变暗，而且根据编程器件指示器，处理器未识别 输入，则输入模块可能存在故障

37. OUT Y0 指令是（　　）步。

    A. 1　　　　　　　B. 2　　　　　　　C. 3　　　　　　　D. 4

38. FX 系列输出继电器代号是（　　）。

    A. T　　　　　　　B. Y　　　　　　　C. S　　　　　　　D. M

39. 线圈输出的指令是（　　）。

    A. SET　　　　　　B. RST　　　　　　C. OUT　　　　　　D. MCR

40. 结束指令是（　　）。

    A. NOP　　　　　　B. END　　　　　　C. MC　　　　　　D. MCR

41. PLC 梯形图编程时，右端输出继电器的线圈只能并联（　　）个。

    A. 3　　　　　　　B. 2　　　　　　　C. 1　　　　　　　D. 不限

参考答案

一、问答题

1. 答：PLC 是一种数字运算操作的电子系统，专为在工业环境下的应用而设计。随着微电子技术、计算机技术和数字控制技术的迅速发展，PLC 因其应用面广泛、功能强大、使用方便等优点，很快成为当代工业自动化的主要支柱之一。

PLC 主要应用在：逻辑控制、运动控制、过程控制、数据处理。

2. 答：PLC 通常由基本单元、扩展单元、扩展模块及特殊功能模块组成。

3. 答：硬件就是看得见、摸得到的实体。软件主要是指各种计算机的程序。

PLC 作为工业控制的专用电子计算机，其硬件结构与微机相似，主要包括中央处理器（CPU）、存储器、输入单元、输出单元、电源单元、扩展接口、存储接口、编程器接口以及编程器等。

4. 答：三菱 PLC 常用的编程语言：梯形图、指令表、顺序功能图。

5. 答：PLC 的循环扫描工作方式是指 PLC 通过反复执行用户程序来实现控制功能。为了使 PLC 的输出及时地响应随时可能变化的输入信号，用户程序不是只执行一次，而是不断地重复执行，直至 PLC 停机或切换到停止模式。

PLC 在 RUN 工作模式下，执行一次循环的扫描操作所需要的时间称为扫描周期。

PLC 的工作原理是执行循环扫描的工作方式，一个扫描周期包括 5 个阶段：内部处理阶段、通信处理阶段、输入处理阶段、程序执行阶段、输出处理阶段。在内部处理阶段，PLC 首先诊断自身硬件是否正常，然后将监视定时器复位，并完成一些其它内部工作。在通信处理阶段，PLC 要与其它智能装置进行通信，响应编程器输入的命令，更新编程器的显示内容。在输入处理阶段，PLC 把所有外部输入电路的状态读入输入继电器。在程序执行阶段，根据 PLC 梯形图扫描原则，按从上到下、从左到右的顺序，逐行逐句扫描，执行程序。但遇到程序跳转指令，

则根据跳转条件是否满足来决定程序的跳转地址。在输出处理阶段，CPU 将输出单元的状态送到输出端子。循环扫描的工作方式是 PLC 的一大特点，在程序执行阶段，即使输入信号的状态发生变化，输入继电器的内容也不会变化，要等到下一周期的输入处理阶段才能改变。暂存在输出单元中的输出信号要等到一个循环周期结束，CPU 集中将这些输出信号全部送给输出端子，才能对外起作用。由此可见，全部输入输出状态的改变，需要一个扫描周期。换言之，输入输出的状态要保持一个扫描周期，提高了 PLC 的抗干扰能力。

二、选择题

1. C 2. B 3. D 4. C 5. C 6. B 7. C 8. D 9. B 10. B 11. A 12. C 13. C 14. B 15. A 16. A 17. A 18. A 19. B 20. A 21. D 22. B 23. A 24. C 25. A 26. A 27. D 28. A 29. C 30. C 31. C 32. C 33. D 34. D 35. D 36. B 37. A 38. B 39. C 40. B 41. D

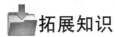

拓展知识

拓展知识一　PLC 编程软件的安装与使用

一、安装 PLC 编程软件

不同机型的 PLC 具有不同的编程语言。常用的编程语言有梯形图、指令表、控制系统流程图 3 种。三菱 FX 系列的 PLC 也不例外，其编程的手段主要有手持简易编程器、便携式图形编程器和微型计算机等。三菱 FX 系列 PLC 还有一些编程开发软件，如 GX 开发器，它是在 Windows 环境下使用的 PLC 编程软件，适用于 Q、QNU、QS、QnA、AnS、FX 等全系列 PLC，可支持梯形图、指令表、顺序功能图（SFC）、结构文本（ST）及功能块图（FBD）、Label 语言程序设计、网络参数设计，可进行程序在线更改、监控及调试，具有异地读写 PLC 程序的功能。

GX Developer Ver8 软件简单易学，具有丰富的工具箱和直观形象的视窗界面，既可用键盘操作，也可用鼠标操作；操作时可联机编程，也可脱机离线编程；该软件还可以对以太网、MELSECNET/10（H）、CC-Link 等网络进行参数设定，具有完善的诊断功能，能方便地实现网络监控。程序上传、下载不仅可通过 CPU 模块直接连接完成，也可以通过网络系统［如以太网、MELSECNET/10（H）、CC-Link、电话线等］完成。

GX Developer Ver8 软件安装包括两个部分：运行环境和编程环境。如果软件安装不正确，会导致不能编程、运行。其正确的安装方法如下。

（1）查找安装包
打开"我的电脑"，找到软件存放的位置，打开软件安装包，如图 1-18 所示。

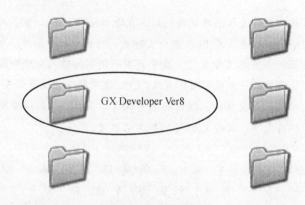

图 1-18　软件安装包

（2）安装软件运行环境

直接打开 GX Developer 运行安装软件时，如果用户计算机不适合安装此软件，会有图 1-19 所示的提示窗口。

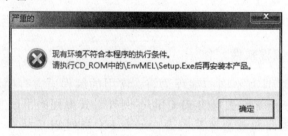

图 1-19　提示窗口

单击"确定"按钮后找到所提示的安装程序，按提示安装即可。首先找出并打开软件环境安装包，如图 1-20 所示。

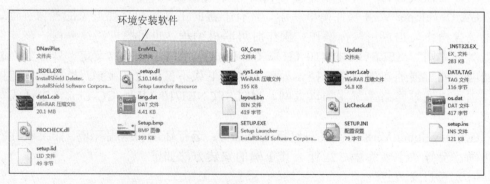

图 1-20　软件环境安装包

双击"setup"可执行文件，安装环境软件（图 1-21）。

图 1-21 双击"setup"可执行文件

打开安装向导，首先显示欢迎界面，直接单击"下一个"按钮，如图 1-22 所示。完成安装，单击"结束"按钮，如图 1-23 所示。

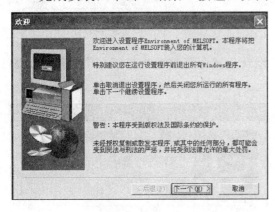

图 1-22 欢迎界面

图 1-23 安装完成

（3）安装主程序

双击"SETUP"可执行文件，安装主程序，如图 1-24 所示。

图 1-24 双击"SETUP"可执行文件

打开安装向导，首先显示欢迎界面，直接单击"下一个"按钮，如图 1-25 所示。输入序列号，如图 1-26 所示。

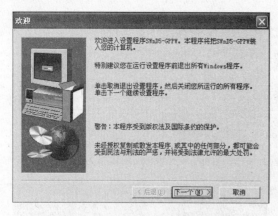

图 1-25　欢迎界面

图 1-26　输入序列号

　　此处可设置安装可选功能及部件，保留默认设置，直接单击"下一个"按钮，如图 1-27～图 1-29 所示。

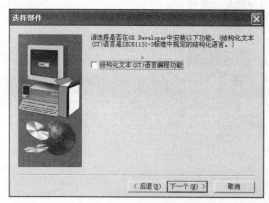

图 1-27　安装向导界面（一）

图 1-28　安装向导界面（二）

图 1-29　安装向导界面（三）

选择安装路径，这里保留默认设置，单击"下一个"按钮，如图1-30所示，然后
显示安装进度，如图1-31所示。

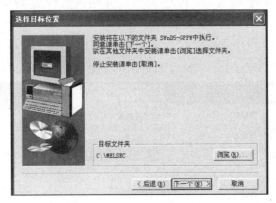

图1-30　安装向导界面（四）

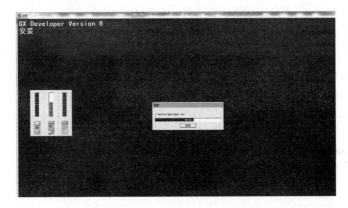

图1-31　安装进度显示

安装完成，单击"确定"按钮，如图1-32所示。

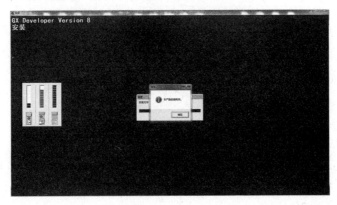

图1-32　安装完成

二、使用 PLC 编程软件

下面以三菱 FX 系列（FX_{2N}）PLC 为例，介绍该软件的部分功能及使用方法。

（1）打开程序

选择"开始"→"程序"→"MELSOFT 应用程序"→"GX Developer"命令即打开程序，如图 1-33 所示。

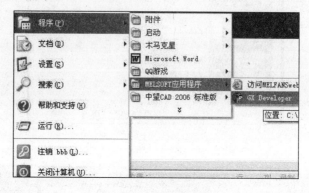

图 1-33　打开程序

（2）创建新工程

在图 1-34 所示软件界面中，选择"工程"→"创建新工程"命令或单击"工程"下方的图标按钮，即可打开"创建新工程"对话框，如图 1-35 所示。

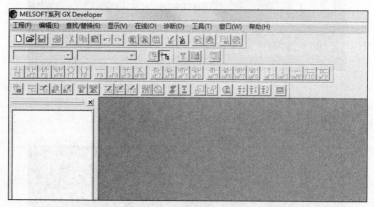

图 1-34　软件界面

在"PLC 系列"下拉列表中选择 FXCPU；在"PLC 类型"下拉列表中选择 FX2N(C)；保留"程序类型"默认设置，即"梯形图"。

勾选"设置工程名"复选框，在"工程名"文本框中输入程序名称，如"PLC 实训项目"，单击"确定"按钮。因为在 C 盘没有此文件夹，所以会出现提示对话框（图 1-36）。

图 1-35 "创建新工程"对话框(一)

图 1-36 提示对话框

单击"是"按钮,在 C 盘建立新工程,此时便进入编程界面。本软件可用于三菱的 A 系列、Q 系列和 FX 系列等的 PLC。

如果不想在 C 盘建立此文件夹,可以单击"浏览"按钮,打开"创建新工程"对话框,如图 1-37 所示,在"驱动器/路径"文本框中设置路径,并在"工程名"文本框中输入工程名,如图 1-38 所示。

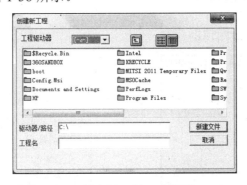

图 1-37 "创建新工程"对话框(二)

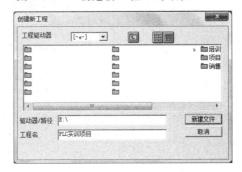

图 1-38 输入路径和工程名

单击"新建文件"按钮，因为在 E 盘没有此文件夹，所以会出现提示对话框（图 1-36）。单击"是"按钮，新工程建立完毕，此时便进入编程界面，如图 1-39 所示。

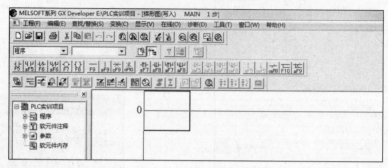

图 1-39　编程界面

（3）"工程"菜单（图 1-40）

1）选择"工程"→"改变 PLC 类型"命令，即根据要求改变 PLC 类型，如将 FX_{2N} 更改为 FX_{3U} PLC 等。

2）选择"读取其他格式的文件"命令，可以将不同版本的编程软件（如 FXGP_WIN-C）编写的程序转化成 GX 工程文件。

3）选择"写入其他格式的文件"命令，可以将用本软件编写的程序工程转化为 FX 工程。

（4）"在线"菜单（图 1-41）

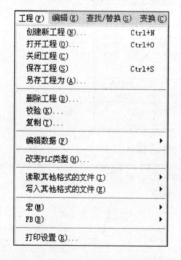

图 1-40　"工程"菜单

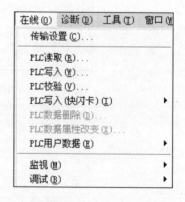

图 1-41　"在线"菜单

1）选择"传输设置"命令，打开"传输设置"对话框，可以改变计算机与 PLC 通信的参数（图 1-42）。

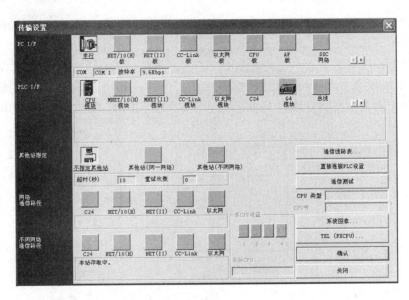

图 1-42 "传输设置"对话框

2）选择"PLC 读取""PLC 写入""PLC 校验"命令，可以对 PLC 进行程序上传、下载、比较操作（图 1-43）。

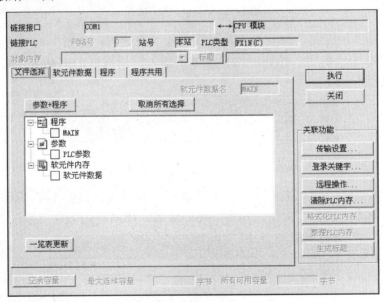

图 1-43 "程序下载"对话框

3）选择不同的数据可对不同的文件进行操作。

4）选择"监视"命令（按 F3 键），可以对 PLC 状态进行实时监视。

5）选择"调试"命令，可以完成对 PLC 的软元件测试、强制输入/输出和程序执行模式变化等操作。

（5）梯形图输入与编辑

1）梯形图输入。输入梯形图有两种方法：一种是利用工具条中的快捷键输入，另一种是直接用键盘输入，如 F5、F6、F7、F8、F9、F10。下面以一段简单的程序为例说明这两种输入方法。

例如，输入图 1-44 所示的一段程序。

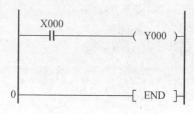

图 1-44　示例程序

① 用工具栏中的按钮输入（图 1-45）。

图 1-45　工具栏中的按钮

输入触点：按 F5 键，则打开"梯形图输入"对话框，如图 1-46 所示。在对话框中输入 X0，单击"确定"按钮，则完成触点输入。用同样的方法可以输入其他的动合触点、动断触点。

图 1-46　"梯形图输入"对话框（一）

输入线圈：按 F7 键，则打开"梯形图输入"对话框，如图 1-47 所示。在对话框中输入 Y0，单击"确定"按钮，则完成线圈输入。用同样的方法可以输入其他程序。

图 1-47　"梯形图输入"对话框（二）

下面解释工具栏中各按钮的功能：

F5——输入动合触点；

sF5——输入并联动合触点；

F6——输入动断触点；

sF6——输入并联动断触点；

F7——输入线圈；

F8——输入功能指令；

F9——输入直线；

sF9——输入竖线；

cF9——横线删除；

cF10——竖线删除；

sF7——上升沿脉冲；

sF8——下降沿脉冲；

aF7——并联上升沿脉冲；

aF8——并联下降沿脉冲；

aF5——取运算结果的上升沿脉冲；

caF5——取运算结果的下降沿脉冲；

caF10——运算结果取反；

F10——画线输入；

aF9——画线删除。

② 从键盘输入。如果键盘使用熟练，则直接从键盘输入更方便，效率更高，不用单击工具栏中的按钮。以上述程序为例，首先使光标处于第一行的首端，输入 ld X0，打开"梯形图输入"对话框，如图 1-48 所示。再按 Enter 键，如图 1-49 所示，完成触点输入。接着输入 OUT Y0，再按 Enter 键，则线圈输入。

图 1-48　"梯形图输入"对话框

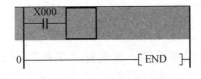

图 1-49　示例程序

用键盘输入时，可以不管程序中各触点的连接关系，动合触点用 LD，动断触点用 LDI，线圈用 OUT，功能指令直接输入助记符和操作数。但要注意，助记符和操作数之间用空格隔开。如果出现分支、自锁等关系，可以直接用竖线补上。通过一定的练习和摸索，就能熟练地掌握程序输入的方法。

2）梯形图编辑。在输入梯形图时，常需要对梯形图进行编辑，如插入、删除等操作。

① 触点的修改、添加和删除。

修改：把光标移到需要修改的触点上，直接输入新的触点，按 Enter 键即可，则新的触点覆盖原来的触点。也可以把光标移到需要修改的触点上，双击，则打开一个对话框，在对话框中输入新触点的标号，按 Enter 键即可。

添加：把光标移到需要添加触点处，直接输入新的触点，按 Enter 键即可。

删除：把光标移到需要删除的触点上，按 Delete 键即可删除，再单击横线，按 Enter 键即可，用横线覆盖原来的触点。

② 行的插入和删除。在进行程序编辑时，通常要插入或删除一行或几行程序，操作方法如下。

行插入：将光标移到要插入行处，选择"编辑"→"行插入"命令，则在光标处出现一个空行，就可以输入一行程序。用同样的方法，可以继续插入行。

行删除：将光标移到要删除行的地方，选择"编辑"→"行删除"命令即可。用同样的方法可以继续删除。注意，"END"不能删除。

（6）程序转换

程序编辑完成后，对应的程序段为灰色底面，如图 1-50 所示，需转换后变成白色底面才能进行后面的工作。如果不能转换，则在梯形图编辑过程中有问题，修改后才可以转换。

单击"程序变化/编译"按钮 ▣，或选择"变换"→"变换"命令（图 1-51），或按 F4 键进行转换。

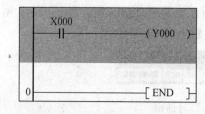

图 1-50　程序段灰色底面

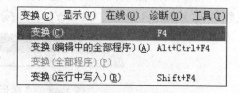

图 1-51　程序转换示意图

（7）工程保存

单击"工程保存"按钮保存程序，或选择"工程"→"保存工程"或"另存工程为"命令保存程序。

（8）程序下载

1）程序下载之前，先查看计算机（PC）传输端口的设置。右击"我的电脑"，在弹出的快捷菜单中选择"属性"→"硬件"→"设备管理器"命令，打开图 1-52 所示的"设备管理器"窗口，可以看到 PLC 与计算机通信使用的端口为 COM4。

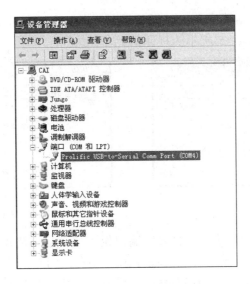

图 1-52　查看传输端口设置

2）进行通信设置。选择"在线"→"传输设置"命令，打开"传输设置"对话框，如图 1-53 所示。

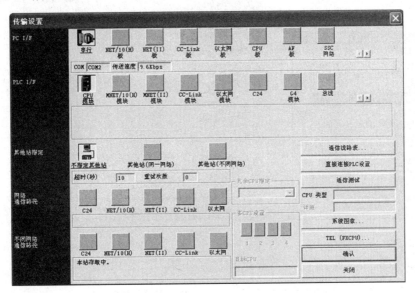

图 1-53　"传输设置"对话框

3）双击"串行"图标，打开"PC　I/F　串口详细设置"对话框，如图 1-54 所示。在"COM 端口"下拉列表中选择通信电缆连接的串口号，在"传送速度"下拉列表中选择 9.6Kbps，单击"确定"按钮保存设置。例如，图 1-52 中计算机（PC）的传输端口为 COM4，此时，GX Developer 的传输端口（I/F）串口应设置为 COM4。

在"传输设置"对话框中单击"通信测试"按钮，连接正确时将打开对话框提示通信正常，否则打开图 1-55 所示的提示对话框。

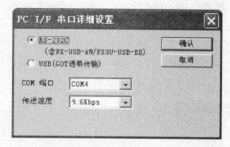

图 1-54　串口端口设置　　　　　　　　　图 1-55　无法通信提示对话框

4）程序下载。计算机及软件的通信端口设置成功后，将编辑好的程序写入 PLC，选择"在线"→"PLC 写入"命令（图 1-56），打开"PCL 写入"对话框，选择主程序，单击"执行"按钮，如图 1-57 所示。传输过程中出现的选项均单击"是"按钮，最后单击"关闭"按钮。

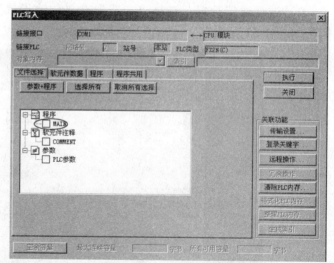

图 1-56　程序写入　　　　　　　　　　图 1-57　"PLC 写入"对话框

（9）程序运行

选择"在线"→"远程操作"命令，打开"远程操作"对话框，设置 PLC 状态为 RUN，单击"执行"按钮，打开已完成的提示对话框，如图 1-58 所示，单击"确定"按钮，最后关闭"远程操作"对话框。

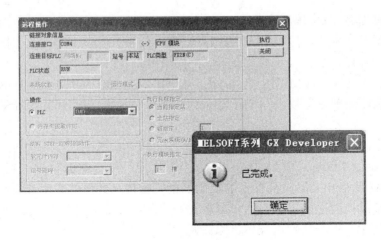

图 1-58　程序运行

（10）程序监视

当成功地在运行 GX Developer 的编程设备和 PLC 之间建立通信并向 PLC 下载程序后，就可以利用程序监视诊断功能。可单击"监视模式"按钮或按 F3 键进行监视，出现蓝色（实际操作时可见）的元件表示该触点闭合或该线圈得电，如图 1-59 所示。

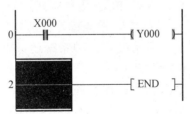

图 1-59　程序监视

拓展知识二　PLC 的分类和技术指标

一、PLC 的分类

PLC 发展到今天，已经有了多种形式，而且功能也不尽相同。分类时，一般按以下原则来考虑。

1. 按 I/O 点数容量分类

一般而言，处理 I/O 点数越多，控制关系就越复杂，用户要求的程序存储器容量越大，要求 PLC 指令及其他功能比较多，指令执行的过程也比较快。按 PLC 的 I/O 点数的多少可将 PLC 分为以下 3 类。

（1）小型 PLC

小型 PLC 的功能一般以开关量控制为主，小型 PLC I/O 点数一般在 256 点以下，用户程序存储器容量在 4KB 左右。现在的高性能小型 PLC 还具有一定的通信能力和少量的模拟量处理能力。这类 PLC 的特点是价格低廉、体积小巧，适合控制单台设备和开发机电一体化产品。

典型的小型机有 SIEMENS（西门子）公司的 S7-200 系列、OMRON（欧姆龙）公司的 CPM2A 系列、三菱公司的 FX 系列和 AB 公司的 SLC500 系列等整体式 PLC 产品。

（2）中型 PLC

中型 PLC 的 I/O 总点数为 256～2048 点，用户程序存储器容量达到 8KB 左右。中型 PLC 不仅具有开关量和模拟量的控制功能，还具有更强的数字计算能力，它的通信功能和模拟量处理功能更强大，中型机比小型机更丰富，中型机适用于更复杂的逻辑控制系统及连续生产线的过程控制系统场合。

典型的中型机有 SIEMENS 公司的 S7-300 系列、OMRON 公司的 C200H 系列、AB 公司的 SLC500 系列等模块式 PLC 产品。

（3）大型 PLC

大型 PLC 总点数在 2048 点以上，用户程序储存器容量在 16KB 以上。大型 PLC 的性能已经与大型工业控制计算机相当，它具有计算、控制和调节的能力，还具有强大的网络结构和通信联网能力，有些 PLC 还具有冗余能力。它的监视系统采用 CRT（阴极射线管）显示，能够表示过程的动态流程，记录各种曲线、PID 调节参数等；它配备多种智能板，构成一台多功能系统。这种系统还可以和其他型号的控制器互连，和上位机相连，组成一个集中分散的生产过程和产品质量控制系统。大型 PLC 适用于设备自动化控制、过程自动化控制和过程监控系统。

典型的大型 PLC 有 SIEMENS 公司的 S7-400、OMRON 公司的 CVM1 和 CS1 系列、AB 公司的 SLC5/05 等系列。

2. 按结构形式分类

根据 PLC 结构形式的不同，PLC 主要可分为整体式和模块式两类。

（1）整体式结构

整体式结构的特点是将 PLC 的基本部件，如 CPU 板、输入板、输出板、电源板等紧凑地安装在一个标准的机壳内，构成一个整体，组成 PLC 的一个基本单元（主机）或扩展单元。基本单元上设有扩展端口，通过扩展电缆与扩展单元相连，配有许多专用的特殊功能的模块，如模拟量输入/输出模块、热电偶、热电阻模块、通信模块等，以构成 PLC 不同的配置。整体式结构的 PLC 体积小，成本低，安装方便。

微型和小型 PLC 一般为整体式结构，如 SIEMENS 公司的 S7-200、三菱公司的 FX 系列。

（2）模块式结构

模块式结构的 PLC 由一些模块单元构成，如 CPU 模块、输入模块、输出模块、电源模块和各种功能模块等，将这些模块插在框架上和基板上即可。各个模块功能是独立的，外形尺寸是统一的，可根据需要灵活配置。

目前大、中型 PLC 都采用这种方式，如 SIEMENS 公司的 S7-300 和 S7-400 系列。

整体式 PLC 每一个 I/O 点的平均价格比模块式 PLC 的便宜，在小型控制系统中一般采用整体式结构。但是模块式 PLC 的硬件组合方便灵活，I/O 点数的多少、输入点数与输出点数的比例、I/O 模块的使用等方面的选择范围都比整体式 PLC 大得多，维修时更换模块、判断故障范围也很方便，因此较复杂的、要求较高的系统一般选用模块式 PLC。

3. 按功能分类

根据 PLC 所具有的功能不同，可将 PLC 分为低档、中档、高档 3 类。

低档 PLC 具有逻辑运算、定时、计数、移位，以及自诊断、监控等基本功能，还可有少量模拟量输入/输出、算术运算、数据传送和比较、通信等功能，主要用于逻辑控制、顺序控制或少量模拟量控制的单机控制系统。

中档 PLC 除具有低档 PLC 的功能外，还具有较强的模拟量输入/输出、算术运算、数据传送和比较、数制转换、远程 I/O、子程序、通信联网等功能，有些还可增设中断控制、PID 控制等功能，适用于复杂的控制系统。

高档 PLC 除具有中档 PLC 的功能外，还增加了带符号算术运算、矩阵运算、位逻辑运算、平方根运算，以及其他特殊功能函数的运算、制表及表格传送功能等。高档 PLC 具有更强的通信联网功能，可用于大规模过程控制或构成分布式网络控制系统，实现工厂自动化。

4. 按生产厂家分类

我国有很多厂家研制和生产过 PLC，但是还没有出现有影响力和较大市场占有率的产品，目前我国使用的 PLC 大部分是国外品牌。全球有上百家 PLC 制造厂商，但只有几家举足轻重的厂商，它们是美国 Rockwell 自动化公司所属的 AB（Alien & Bradly）公司、GE-Fanuc 公司，德国的 SIEMENS 公司和法国的施耐德（SCHNEIDER）自动化公司，日本的 OMRON 和三菱公司等。这几家公司控制着全世界 80% 以上的 PLC 市场，它们的系列产品有其技术广度和深度，从微型 PLC 到有上万个 I/O 点的大型 PLC 应有尽有。

二、PLC 的技术指标

PLC 的基本技术指标包括存储容量、I/O 点数、扫描速度、指令的功能与数量、内部寄存器的配置和容量、特殊功能单元、可扩展能力等。

1. 存储容量

存储容量是指用户程序存储器的容量。用户程序存储器的容量大，则可以编制出复杂的程序。一般来说，小型 PLC 的用户存储器容量为几 KB，而大型 PLC 的用户存储器容量为几万 KB。

2. I/O 点数

I/O 点数是 PLC 可以接收的输入信号和输出信号总和，是衡量 PLC 性能的重要指标。I/O 点数越多，外部可接的输入设备和输出设备就越多，控制规模就越大。

3. 扫描速度

扫描速度是指 PLC 执行用户程序的速度，是衡量 PLC 性能的重要指标。一般以扫描 1KB 用户程序所需的时间来衡量扫描速度，通常以 ms/KB 为单位。PLC 用户手册一般给出执行各条指令所用的时间，可以通过比较各种 PLC 执行相同的操作所用的时间来衡量扫描速度的快慢。

4. 指令的功能与数量

指令功能的强弱、数量的多少也是衡量 PLC 性能的重要指标。编程指令的功能越强、数量越多，PLC 的处理能力和控制能力也越强，用户编程也越简单和方便，越容易完成复杂的控制任务。

5. 内部寄存器的配置和容量

在编制 PLC 程序时，需要用到大量的内部器件来存放变量、中间结果、保持数据、定时计数、模块设置和各种标志位等信息。这些器件的种类与数量越多，表示 PLC 的存储和处理各种信息的能力越强。

6. 特殊功能单元

特殊功能单元种类的多少与功能的强弱是衡量 PLC 产品的一个重要指标。近年来各 PLC 厂商非常重视特殊功能单元的开发，特殊功能单元种类日益增多，功能越来越强，使 PLC 的控制功能日益扩大。

7. 可扩展能力

PLC 的可扩展能力包括 I/O 点数的扩展、存储容量的扩展、联网功能的扩展、各种功能模块的扩展等。在选择 PLC 时，经常需要考虑 PLC 的可扩展能力。

三、FX 系列 PLC 的一般技术指标

FX$_{2N}$ 系列 PLC 的基本性能指标如表 1-9 所示，FX 系列 PLC 的输入技术指标如表 1-10 所示，FX 系列 PLC 的输出技术指标如表 1-11 所示。

表 1-9 FX₂N 系列 PLC 的基本性能指标

项目	规格	备注
操作控制方式	反复扫描程序	
I/O 控制方法	批次处理方式 （当执行 END 指令时）	I/O 指令可以刷新
操作处理时间	基本指令：0.08μs/指令 应用指令：1.52 至几百μs/指令	
编程语言	逻辑梯形图和指令清单	使用步进梯形图能生成 SFC 类型程序
程序容量	8000 步内置	使用附加寄存器盒可扩展到16000 步
指令数目	基本顺序指令：27 步进梯形指令：2 应用指令：128	最多可用 298 条应用指令
I/O 配置	最大硬件/I/O 配置点 256，依赖于用户的选择（最大软件可设定地址输入 256、输出 256）	

表 1-10 FX 系列 PLC 的输入技术指标

项目	规格	备注
输入电压	DC (24±2.4)V	
元件号	X0～X7	其他输入点
输入信号电压	DC (24±2.4)V	
输入信号电流	DC 24V，7mA	DC 24V；5mA
输入开关电流 OFF→ON	>4.5mA	>3.5mA
输入开关电流 ON→OFF	<1.5mA	
输入响应时间	10ms	
可调节输入响应时间	X0～X7 为 0～60ms（FX₂N），其他系列为 0～15ms	
输入信号形式	无电压触点，或 NPN 集电极开路，输出晶体管	
输入状态显示	输入 ON 时 LED 灯亮	

表 1-11 FX 系列 PLC 的输出技术指标

项目		继电器输出	晶闸管输出（仅 FX₂N）	晶体管输出
外部电源		最大 AC 240V 或 DC 30V	AC 85～242V	DC 5～30V
最大负载	电阻负载	2A/1 点，8A/COM	0.3A/1 点，0.8A/COM	0.5A/1 点，0.8A/COM
	感性负载	80V·A，AC 120/240V	36V·A，AC 240V	12W，DC 24V
	灯负载	100W	30W	0.9W/DC 240V（FX₁S），其他系列 1.5W/DC 24V

续表

项目		继电器输出	晶闸管输出（仅 FX$_{2N}$）	晶体管输出
最小负载 （FX$_{2N}$）		电压＜DC 5V 时，2mA 电压＜DC 24V 时，5mA	2.3V·A/ AC 240V	—
响应 时间	OFF→ON	10ms	1ms	＜0.2ms；＜5μs（仅 Y0，Y1）
	ON→OFF	10ms	10ms	＜0.2ms；＜5μs（仅 Y0，Y1）
开路漏电流		—	2mA/AC 240V	0.1mA/ DC 30V
电路隔离		继电器隔离	光电晶闸管隔离	光耦合器隔离
输出动作显示		线圈通电时 LED 亮		

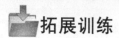 拓展训练

灯 光 控 制

训练描述

　　每组提供按钮 2 个、指示灯 4 个，每个指示灯可由 1~2 个按钮控制，按钮在各种状态下，每次只能有 1 个指示灯亮。自行设计控制电路图，并转换成梯形图下载到 PLC 中进行运行和调试。

训练实施

一、系统设计

1）列出 I/O 分配表（表 1-12）。

表 1-12　I/O 分配表

输入		输出	

2）绘制 PLC 控制 4 个指示灯的 I/O 接线图。

3）编写程序。

二、有关设备与工具准备

1）填写设备清单（表 1-13）。

表 1-13 设备清单

序号	名称	数量	型号规格	单位	借出时间	借用人签名	归还时间	归还人签名	管理员签名	备注

2）填写工具清单（表 1-14）。

表 1-14 工具清单

序号	名称	型号规格	单位	申领数量	实发数量	归还时间	归还人签名	管理员签名	备注

三、接线与调试、运行

1）选好元器件，按设计的接线原理图进行安装接线。

2）输入程序，并调试、运行。

特别提示：

① 切记梯形图编程的基本原则。

② 工作时，出现事故应立即切断电源并报告指导老师。

3）填写任务实施记录表（表1-15）。

表 1-15　灯光控制任务实施记录表

任务名称				灯光控制				
班级		姓名		组别		日期		
学生过程记录								完成情况
元器件选择正确								
电路连接正确								
I/O 分配表填写正确								
PLC 接线图绘制正确								
程序编写正确								
调试记录：小组派代表展示调试效果，接受全体同学的检查，测试控制要求的实现情况，记录过程								
SB1		SB2	HL1		HL2		HL3	HL4

评价反馈

填写灯光控制任务评价表（表1-16）。

表 1-16　灯光控制任务评价表

项目内容	配分	评分标准	评分			
			互检		专检	
			扣分	得分	扣分	得分
电路设计	20分	1）I/O 地址遗漏或错误，每处扣1分，最多扣5分 2）梯形图表达不正确或画法不规范，每处扣1分，最多扣5分 3）接线图表达不正确或画法不规范，每处扣1分，最多扣5分 4）指令有错，每条扣1分，最多扣5分				

续表

项目内容	配分	评分标准	评分			
			互检		专检	
			扣分	得分	扣分	得分
安装接线	30分	1）接线不紧固、不美观，每根扣 2 分，最多扣 10 分 2）接点松动、遗漏，每处扣 0.5 分，最多扣 5 分 3）损伤导线绝缘或线芯，每根扣 0.5 分，最多扣 5 分 4）不按 PLC 控制 I/O 接线图接线，每处扣 2 分，最多扣 10 分				
程序输入与调试	40分	1）不会熟练操作计算机键盘输入指令，每处扣 1 分，最多扣 5 分 2）不会用删除、插入、修改指令，每项扣 1 分，最多扣 5 分 3）1 次试车不成功扣 8 分，2 次试车不成功扣 15 分，3 次试车不成功扣 30 分				
安全文明生产	10分	1）违反操作规程，产生不安全因素，酌情扣 5～7 分 2）未按管理要求对实训室进行整理与清扫，酌情扣 1～3 分				
学习心得	根据学习过程谈谈自己的学习感受，如学习收获、遇到的困难、努力方向					

综合评定：

互检得分： 专检得分： 综合得分：

说明：综合得分＝0.3×互检＋0.7×专检

填写灯光控制学习任务评价表（表 1-17）。

表 1-17　灯光控制学习任务评价表

评价指标	评价等级			
	A	B	C	D
出勤情况				
工作页填写				
实施记录表填写				
工具的摆放				
清洁卫生				

总体评价（学习进步方面、今后努力方向）：

教师签名： 年 月 日

模块二

PLC 基本指令及应用

任务二　自动扶梯连续运行的控制

任务描述

　　商场、地铁、机场等商厦楼宇的自动扶梯连续运行控制是通过三相异步电动机起停实现的。根据三相异步电动机连续运转的PLC控制要求，学会运用PLC的AND、ANI指令，OR、ORI指令，列出I/O分配表，绘制外部接线图，制订合理的设计方案，选择合适的器件和线材，准备好工具和耗材，与组员合作完成电动机连续运转控制的PLC程序编写，并对电路进行安装和调试。

学习目标

　　1）能描述PLC实现自动扶梯连续运行的控制过程。

　　2）能根据自动扶梯控制要求，灵活运用经验法，按照梯形图的设计原则将继电器控制电路转换成梯形图。

　　3）能运用AND、ANI、OR、ORI指令完成自动扶梯控制的程序设计与调试。

　　4）能实现PLC与控制板之间的安装接线，完成自动扶梯控制系统的运行、程序调试。

任务结构

　一、明确任务

　二、探索新知
　　1. 电动机连续运转控制电路
　　2. 自动扶梯连续运行控制电路转换成PLC梯形图
　　3. AND、ANI、OR、ORI指令
　　4. 梯形图编程的基本原则
　　5. 梯形图转换成指令表

自动扶梯连续运行的控制

　三、任务实施
　　1. 系统设计
　　　① 列出I/O分配表
　　　② 绘制PLC接线图
　　　③ 编写程序
　　2. 有关设备与工具准备
　　　① 填写设备清单
　　　② 填写工具清单
　　3. 接线与调试、运行
　　　① 安装接线
　　　② 输入程序，并调试、运行
　　　③ 填写任务实施记录表

　四、评价反馈

　五、巩固练习

课件：自动扶梯
连续运行的控制

探索新知

◎ **问题引导 1：根据电动机连续运转控制电路，补充完成图 2-1 的工作过程。**

1）起动：按下 SB1 按钮然后松开，交流接触器 KM_____，电动机 M_____。

2）停止：按下 SB2 按钮然后松开，交流接触器 KM_____，电动机 M_____。

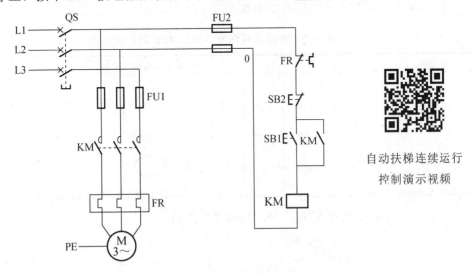

图 2-1　电动机连续运转控制电路

自动扶梯连续运行
控制演示视频

　　在连续运转控制电路中，开关 QS、熔断器 FU1、接触器 KM 主触点、热继电器 FR 及电动机组成主电路部分，而由按钮 SB1、SB2、接触器 KM 线圈、辅助触点组成控制电路部分。PLC 主要针对控制电路进行改造，而主电路部分保留不变。

　　在控制电路中，按钮属于控制信号，应作为 PLC 的输入量分配接线端子；而接触器 KM 线圈属于被控对象，应作为 PLC 的输出量分配接线端子。

◎ **问题引导 2：如何将自动扶梯连续运行控制电路转换成 PLC 梯形图？**

◎ **问题引导 3：自动扶梯 PLC 梯形图需要哪些指令实现？**

PLC 梯形图的基本指令有 AND、ANI 和 OR、ORI。

（1）接点串联指令 AND、ANI

AND：与指令，用于单个动合触点的串联。

ANI：与非指令，用于单个动断触点的串联。

1）AND、ANI 指令的相关知识如表 2-1 所示。

表 2-1　触点串联指令 AND、ANI 的相关知识

助记符	功能	回路表示和可用软元件		程序步
AND（与）	动合触点串联连接	┤├──┤├──◯──	X,Y,M,S,T,C	1
ANI（与非）	动断触点串联连接	┤├──┤╱├──◯──	X,Y,M,S,T,C	1

2）AND、ANI 指令使用举例，如图 2-2 所示。

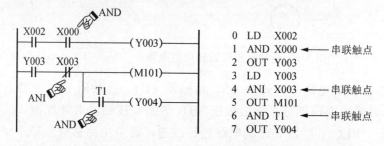

图 2-2　触点串联指令

3）AND、ANI 指令使用说明如下。

① AND 与 ANI 都是一个程序步指令，它们串联触点的个数没有限制，即这两条指令可以多次重复使用。

② OUT 指令后，通过触点对其他线圈使用 OUT 指令称为纵接输出。这种纵接输出如果顺序无误，可以多次重复。

③ 串接触点的数目和纵接的次数虽然没有限制，但因为图形编程器和打印机的功能有限制，所以建议尽量做到一行不超过 8 个触点和 1 个线圈，连续输出总共不超过 24 行。

（2）触点并联指令 OR、ORI

OR：或指令，用于单个动合触点的并联。

ORI: 或非指令,用于单个动断触点的并联。

1) OR、ORI 指令的相关知识如表 2-2 所示。

表 2-2　触点并联指令 OR、ORI 的相关知识

助记符	功能	回路表示和可用软元件	程序步
OR（或）	动合触点并联连接	X,Y,M,S,T,C	1
ORI（或非）	动断触点并联连接	X,Y,M,S,T,C	1

2) OR、ORI 指令使用举例,如图 2-3 所示。

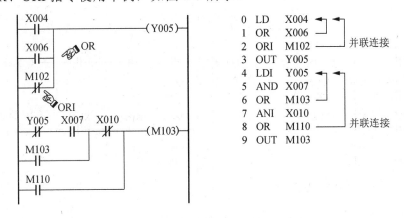

图 2-3　触点并联指令

3) OR、ORI 指令使用说明如下。

① OR、ORI 为 1 个触点的并联连接指令,如果 2 个或 2 个以上触点串联的电路进行并联,要用后述的 ORB 指令。

② OR、ORI 指令是从指令的当前步开始,对前面的 LD、LDI 指令并联连接。并联连接次数虽然没有限制,但因为图形编程器和打印机的功能有限制,所以建议尽量做到不超过 24 行。

◎ **问题引导 4:梯形图编程的基本原则有哪些?**

（1）线圈右边无触点

梯形图中每一逻辑行从左到右排列,以触点与母线连接开始,以线圈、功能指令与右母线（可允许省略右母线）连接结束。触点不能接在线圈的右边,线圈也不能直

接与左母线连接，必须通过触点连接，如图 2-4 所示。

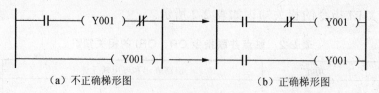

（a）不正确梯形图   （b）正确梯形图

图 2-4 线圈右边无触点

（2）触点的安排

梯形图的触点应画在水平线上，不能画在垂直分支上，如图 2-5 所示。

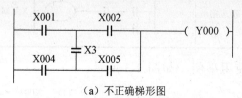

（a）不正确梯形图

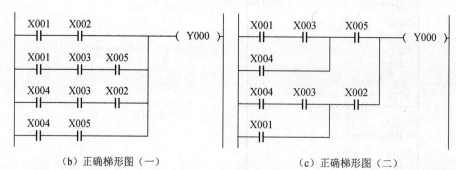

（b）正确梯形图（一）   （c）正确梯形图（二）

图 2-5 触点的安排

（3）串、并联的处理

在有几个串联回路相并联时，应将触点最多的那个串联回路放在梯形图最上面，如图 2-6 所示。在有几个并联回路相串联时，应将触点最多的并联回路放在梯形图的最左面，如图 2-7 所示。

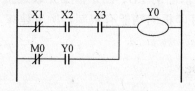 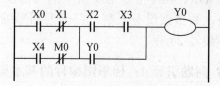

图 2-6 串联块程序   图 2-7 并联块程序

（4）不允许双线圈输出

如果在同一程序中同一元件的线圈使用两次或多次，则称为双线圈输出。这时前面的输出无效，只有最后一次才有效，所以不应出现双线圈输出，如图 2-8 所示。

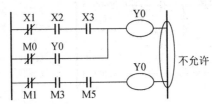

图 2-8 双线圈输出

◎ **问题引导 5**：运用 AND、ANI 指令，将自动扶梯连续运行控制的梯形图转换成指令表。

任务实施

一、系统设计

1）列出自动扶梯连续运行控制的 I/O 分配表（表 2-3）。

表 2-3 I/O 分配表

输入		输出	
起动按钮 SB1	X1	交流接触器 KM	Y0
停止按钮 SB2	X2		

2）绘制自动扶梯连续运行控制的 PLC 外部输出接线图。

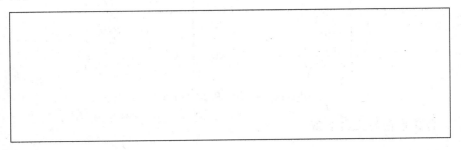

3）编写自动扶梯连续运行控制程序。

① 由控制电路图直接转换为梯形图（图 2-9）。

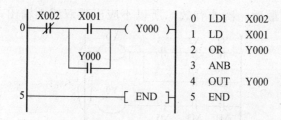

图 2-9　由控制电路图直接转换为梯形图

② 按编程基本原则整理（图 2-10）。

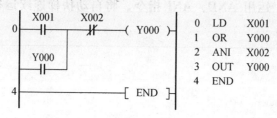

图 2-10　按编程基本原则整理

二、有关设备与工具准备

1）填写设备清单（表 2-4）。

表 2-4　设备清单

序号	名称	数量	型号规格	单位	借出时间	借用人签名	归还时间	归还人签名	管理员签名	备注
1	安装板	1		块						
2	PLC	1		台						
3	导轨	0.3		m						
4	微机	1		台						
5	断路器	1		台						
6	熔断器	5		个						
7	交流接触器	1		台						
8	三相异步电动机	1		台						
9	按钮	2		个						
10	热继电器	1		个						
11	导线	10		m						

2）填写工具清单（表 2-5）。

表 2-5 工具清单

序号	名称	型号规格	单位	申领数量	实发数量	归还时间	归还人签名	管理员签名	备注

三、接线与调试、运行

1）选好元器件，按设计的接线原理图进行安装接线。

2）输入程序，并调试、运行。

特别提示： 工作时，出现事故应立即切断电源并报告指导老师。

3）填写自动扶梯连续运行控制任务实施记录表（表 2-6）。

表 2-6 自动扶梯连续运行控制任务实施记录表

任务名称	自动扶梯连续运行控制					
班级		姓名		组别		日期	
学生过程记录						完成情况
元器件选择正确						
电路连接正确						
I/O 分配表填写正确						
PLC 接线图绘制正确						
程序编写正确						
调试记录：小组派代表展示调试效果，接受全体同学的检查，测试控制要求的实现情况，记录过程。 1）按下 SB1 按钮，会出现的现象为 2）按下 SB2 按钮，会出现的现象为						

【评价反馈】

填写自动扶梯连续运行控制评价表（表 2-7）。

表 2-7　自动扶梯连续运行控制评价表

项目内容	配分	评分标准	评分			
			互检		专检	
			扣分	得分	扣分	得分
电路设计	20分	1）I/O 地址遗漏或错误，每处扣 1 分，最多扣 5 分 2）梯形图表达不正确或画法不规范，每处扣 1 分，最多扣 5 分 3）接线图表达不正确或画法不规范，每处扣 1 分，最多扣 5 分 4）指令有错，每条扣 1 分，最多扣 5 分				
安装接线	30分	1）接线不紧固、不美观，每根扣 2 分，最多扣 10 分 2）接点松动、遗漏，每处扣 0.5 分，最多扣 5 分 3）损伤导线绝缘或线芯，每根扣 0.5 分，最多扣 5 分 4）不按 PLC 控制 I/O 接线图接线，每处扣 2 分，最多扣 10 分				
程序输入与调试	40分	1）不会熟练操作计算机键盘输入指令，每处扣 1 分，最多扣 5 分 2）不会用删除、插入、修改指令，每项扣 1 分，最多扣 5 分 3）1 次试车不成功扣 8 分，2 次试车不成功扣 15 分，3 次试车不成功扣 30 分				
安全文明生产	10分	1）违反操作规程，产生不安全因素，酌情扣 5～7 分 2）未按管理要求对实训室进行整理与清扫，酌情扣 1～3 分				
学习心得	根据学习过程谈谈自己的学习感受，如学习收获、遇到的困难、努力方向					

综合评定：

互检得分：　　　　专检得分：　　　　综合得分：

说明：综合得分＝0.3×互检＋0.7×专检

填写自动扶梯连续运行控制学习任务评价表（表 2-8）。

表 2-8　自动扶梯连续运行控制学习任务评价表

评价指标	评价等级			
	A	B	C	D
出勤情况				
工作页填写				
实施记录表填写				
工具的摆放				
清洁卫生				

总体评价（学习进步方面、今后努力方向）：

教师签名：　　　　年　　月　　日

巩固练习

1. 动合触点与母线连接的指令是（　　　）。
   A. LD　　　　　B. LDI　　　　　C. OUT　　　　　D. ANI
2. 动断触点与母线连接的指令是（　　　）。
   A. LD　　　　　B. LDI　　　　　C. OUT　　　　　D. ANI
3. 动断触点串联的指令是（　　　）。
   A. AND　　　　　B. ANI　　　　　C. LDI　　　　　D. OR
4. 动合触点并联的指令是（　　　）。
   A. OR　　　　　B. ORI　　　　　C. ORB　　　　　D. ANB
5. 动断触点并联的指令是（　　　）。
   A. OR　　　　　B. ORI　　　　　C. ORB　　　　　D. ANB
6. 动合触点串联的指令是（　　　）。
   A. AND　　　　　B. ANI　　　　　C. LDI　　　　　D. OR
7. 串联电路块并联的指令是（　　　）。
   A. ANB　　　　　B. ORB　　　　　C. ORI　　　　　D. ANI
8. 并联电路块串联的指令是（　　　）。
   A. ORI　　　　　B. ORB　　　　　C. ANB　　　　　D. OR
9. 梯形图编程的基本规则中，下列说法中不正确的是（　　　）。
   A. 触点不能放在线圈的右边
   B. 线圈不能直接连接在左边的母线上
   C. 双线圈输出容易引起误操作，应尽量避免线圈重复使用
   D. 梯形图中的触点与继电器线圈均可以任意串联或并联
10. PLC 通过编程，可灵活地改变其控制程序，相当于改变了继电器控制的（　　　）。
    A. 主电路　　　　　B. 自锁电路　　　　　C. 互锁电路　　　　　D. 控制电路
11. 编程 PLC 梯形图时，输出继电器的线圈在（　　　）。
    A. 左端　　　　　B. 右端　　　　　C. 中间　　　　　D. 不限
12. 以下不是 PLC 控制系统设计原则的是（　　　）。
    A. 最大限度地满足生产机械流程对电气控制的要求
    B. 导线越细，成本越低
    C. 在满足控制系统要求的前提下，力求使系统简单、经济、操作和维护方便
    D. 控制系统越大越好

参考答案
1. A　2. B　3. B　4. A　5. B　6. A　7. B　8. C　9. D　10. D　11. B　12. B

任务三　垂直电梯的升降控制

任务描述

　　商场、楼宇等垂直电梯的升降控制是通过三相异步电动机的正反转实现的。根据三相异步电动机正反转的 PLC 控制要求，学会运用 PLC 的 SET、RST 指令，列出 I/O 分配表，绘制外部接线图，制订合理的设计方案，选择合适的器件和线材，准备好工具和耗材，与组员合作完成电动机正反转控制的 PLC 程序编写，并对电路进行安装和调试。

学习目标

　　1）能描述 PLC 实现垂直电梯升降的控制过程。

　　2）能根据垂直电梯的升降控制要求，按照梯形图的设计原则将继电器控制电路转换成梯形图。

　　3）能运用 SET、RST 指令完成垂直电梯升降控制的程序设计与调试。

　　4）能实现 PLC 与控制板之间的安装接线，完成垂直电梯升降控制的系统运行和程序调试。

任务结构

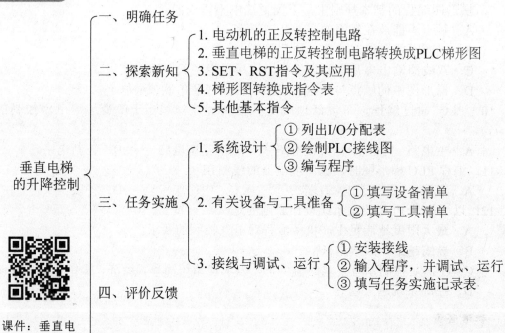

垂直电梯的升降控制

一、明确任务

二、探索新知
1. 电动机的正反转控制电路
2. 垂直电梯的正反转控制电路转换成PLC梯形图
3. SET、RST指令及其应用
4. 梯形图转换成指令表
5. 其他基本指令

三、任务实施
1. 系统设计
　　① 列出I/O分配表
　　② 绘制PLC接线图
　　③ 编写程序
2. 有关设备与工具准备
　　① 填写设备清单
　　② 填写工具清单
3. 接线与调试、运行
　　① 安装接线
　　② 输入程序，并调试、运行
　　③ 填写任务实施记录表

四、评价反馈

五、巩固练习

课件：垂直电梯的升降控制

探索新知

◎ **问题引导 1：根据电动机的正反转控制电路图（图 2-11），补充叙述电动机正反转的控制过程，确定系统的 I/O 端口。**

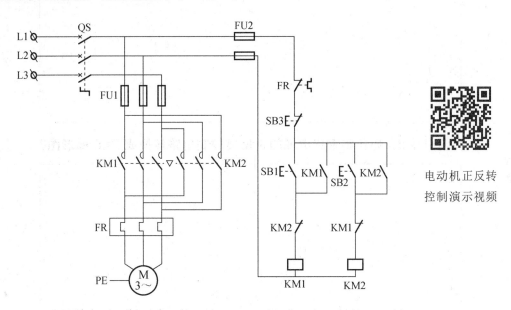

图 2-11　电动机的正反转控制电路

根据电动机的正反转控制电路图，控制要求如下。

1）正转：按下 SB1 按钮，交流接触器 KM1 线圈_____，KM1 线圈的动合触点_____，KM1 线圈的动断触点_____，KM2 线圈_____，KM1 主触点_____，KM2 主触点_____，电动机_____。

2）反转：按下 SB2 按钮，交流接触器 KM2 线圈_____，KM2 线圈的动合触点_____，KM2 线圈的动断触点_____，KM1 线圈_____，KM1 主触点_____，KM2 主触点_____，电动机_____。

3）停止：按下 SB3 按钮，KM1 线圈_____，KM2 线圈_____，电动机_____。

4）线圈 KM1、KM2 的动断触点的作用是_____。

在正反转控制电路中，开关 QS、熔断器 FU1、接触器主触点热继电器 FR 及电动机组成主电路部分，而由按钮 SB1、SB2、SB3，接触器 KM1、KM2 线圈、辅助触点组成控制电路部分。PLC 改造主要是针对控制电路进行改造，而主电路部分保留不变。

在控制电路中，按钮属于控制信号，应作为 PLC 的输入量分配接线端子；而接触器线圈属于被控对象，应作为 PLC 的输出量分配接线端子。列出输入设备和输出设备。

输入设备：_____。

输出设备：_____。

根据以上系统控制的分析，填写 I/O 分配表，并画出 PLC 接线图。

◎ **问题引导 2：如何将垂直电梯的正反转控制电路转换成 PLC 梯形图？**

◎ **问题引导 3：SET、RST 指令如何使用？**

SET：置位指令，用于保持 ON 操作。

RST：复位指令，用于保持 OFF 操作。

1）指令的相关知识如表 2-9 所示。

表 2-9　置位、复位指令 SET、RST 的相关知识

助记符	功能	回路表示和可用软元件	程序步
SET（置位）	动作保持	─┤├─ [SET　Y,M,S,]	Y,M：1 S,特殊　M：2
RST（复位）	消除动作保持，当前值及寄存器清零	─┤├─ [RST　Y,M,S,T,C,D,V,Z]	T,C：2 D,V,Z：特殊　D：3

2）使用举例，如图 2-12 所示。

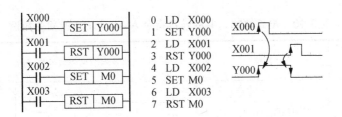

图 2-12　置位、复位指令

3）使用说明：X0 接通后若断开，Y0 也保持接通。X1 接通后若断开，Y0 也保持断开。对于 M0 也同样如此。

对同一器件可以多次使用 SET、RST 指令，顺序可以任意，但在最后执行的一条才有效。

◎ **问题引导 4：运用 SET、RST 指令，实现电动机正反转，并将垂直电梯升降控制的梯形图转换成指令表。**

◎ **问题引导 5：垂直电梯的升降控制 PLC 梯形图还需要哪些指令实现？**

垂直电梯的升降控制 PLC 梯形图还需要电路块连接指令 ANB、ORB，多重输出电路指令 MPS、MRD、MPP，脉冲输出指令 PLS、PLF，取反指令 INV 实现。下面介绍常用的基本指令。

（1）电路块连接指令 ANB、ORB

ANB：电路块串联连接指令，用于多触点电路块串联。

ORB：电路块并联连接指令，用于多触点电路块并联。

1）指令的相关知识如表 2-10 所示。

表 2-10　电路块串、并联连接指令 ANB、ORB 的相关知识

助记符	功能	回路表示和可用软元件	程序步
ANB（电路块与）	并联回路块的串联连接	软元件：无	1
ORB（电路块或）	串联回路块的并联连接	软元件：无	1

2）使用举例，如图 2-13 所示。

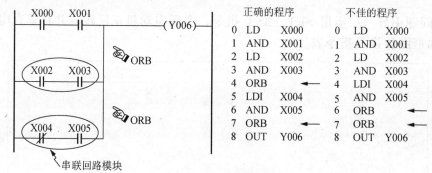

	正确的程序			不佳的程序	
0	LD	X000	0	LD	X000
1	AND	X001	1	AND	X001
2	LD	X002	2	LD	X002
3	AND	X003	3	AND	X003
4	ORB	←	4	LDI	X004
5	LDI	X004	5	AND	X005
6	AND	X005	6	ORB	←
7	ORB	←	7	ORB	←
8	OUT	Y006	8	OUT	Y006

（a）电路块并联连接指令

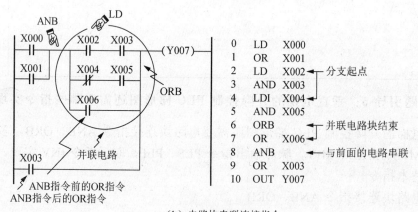

0	LD	X000	
1	OR	X001	
2	LD	X002	← 分支起点
3	AND	X003	
4	LDI	X004	
5	AND	X005	
6	ORB		← 并联电路块结束
7	OR	X006	
8	ANB		← 与前面的电路串联
9	OR	X003	
10	OUT	Y007	

（b）电路块串联连接指令

图 2-13　电路块连接指令使用举例

3）使用说明如下：

① ORB 是串联电路块的并联连接指令，ANB 是并联电路块的串联连接指令，它们都没有操作元件，可以多次重复使用。但连续使用 ORB 时，应限制在 8 次以下，所以在写指令时，最好按图 2-13（a）所示正确的程序方法来写。

② ORB 指令是将串联电路块与前面的电路块并联，相当于电路块右侧的一段垂直连线。并联电路块的起始触点要使用 LD 或 LDI 指令，完成了电路块的内部连接后，用 ORB 指令将它与前面的电路并联。

③ ANB 指令是将并联电路块与前面的电路块串联，相当于两个电路之间的串联连线。串联电路的起始触点要使用 LD 或 LDI 指令，完成了电路块的内部连接后，用 ANB 指令将它与前面的电路串联。

（2）多重输出电路指令 MPS、MRD、MPP

MPS：进栈指令，用于储存电路中有分支处的逻辑运算结果，以便以后处理有线圈的支路时可以调用该运算结果。

MRD：读栈指令，用于读取存储在堆栈最上层的电路中分支点处的运算结果，将下一个触点强制性地连接在该点。

MPP：出栈指令，用于弹出（调用并去掉）存储在堆栈最上层的电路中分支点对应的运算结果。

1）指令的相关知识如表 2-11 所示。

表 2-11 多重输出电路指令 MPS、MRD、MPP 的相关知识

助记符	功能	回路表示和可用软元件	程序步
MPS（进栈）	并联回路块进栈		1
MRD（读栈）	并联回路块读栈		1
MPP（出栈）	并联回路块出栈		1

2）使用举例，如图 2-14 所示。

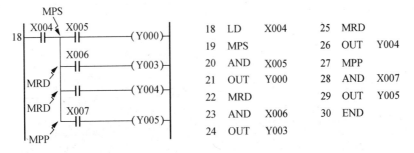

18	LD	X004	25 MRD
19	MPS		26 OUT Y004
20	AND	X005	27 MPP
21	OUT	Y000	28 AND X007
22	MRD		29 OUT Y005
23	AND	X006	30 END
24	OUT	Y003	

图 2-14 多重输出电路指令使用举例

3）使用说明：FX 系列有 11 个存储中间运算结果的堆栈存储器，堆栈采用先进后出的数据存取方式。所以在一个独立电路中，用堆栈指令同时保存在堆栈中的运算结果不能超过 11 个。

（3）脉冲输出指令 PLS、PLF

PLS：上升沿微分输出指令，在动合触点由断开变为接通时的一个扫描周期内为ON。

PLF：下降沿微分输出指令，在动断触点由接通变为断开时的一个扫描周期内为ON。

1）脉冲输出指令的相关知识如表 2-12 所示。

表 2-12　脉冲输出指令 PLS、PLF 的相关知识

助记符、名称	功能	回路表示和可用软元件		程序步
PLS（上升沿脉冲）	上升沿微分输出	⊣⊢─[PLS │ Y,M]─	除特殊的 M 以外	1
PLF（下降沿脉冲）	下降沿微分输出	⊣⊢─[PLF │ Y,M]─	除特殊的 M 以外	1

2）使用举例，如图 2-15 所示。

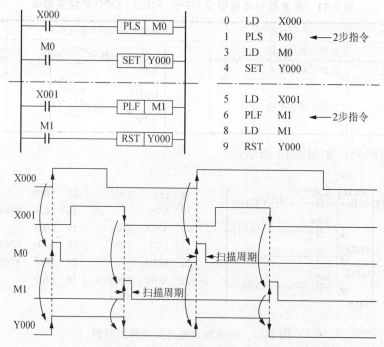

图 2-15　脉冲输出指令使用举例

3）使用说明：当 PLC 从 RUN 到 STOP 状态，又由 STOP 进入 RUN 状态时，其输入信号仍然为 ON，指令"PLS M0"将输出一个脉冲。

（4）取反指令 INV

INV：取反指令，用于对执行该指令之前的运算结果取反。

1）取反指令的相关知识如表 2-13 所示。

表 2-13　取反指令 INV 的相关知识

助记符	功能	回路表示和可用软元件	程序步
INV（取反）	运算结果的反转	软元件：无	1

2）使用举例，如图 2-16 所示。

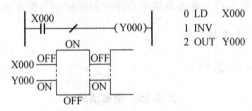

图 2-16　取反指令使用举例

任务实施

一、系统设计

1）列出垂直电梯的升降控制的 I/O 分配表（表 2-14）。

表 2-14　I/O 分配表

输入		输出	
SB1（正转按钮）	X1	KM1（交流接触器）	Y1
SB2（反转按钮）	X2	KM2（交流接触器）	Y2
SB3（停止按钮）	X0		

2）绘制垂直电梯的升降控制的 PLC 外部接线图。

3）编写垂直电梯的升降控制程序（图2-17）。

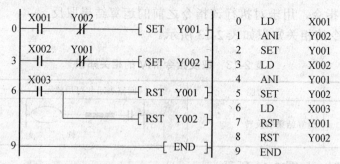

图2-17 垂直电梯的升降控制梯形图与指令表

二、有关设备与工具准备

1）填写设备清单（表2-15）。

表2-15 设备清单

序号	名称	数量	型号规格	单位	借出时间	借用人签名	归还时间	归还人签名	管理员签名	备注
1	安装板	1		块						
2	PLC	1		台						
3	导轨	0.3		m						
4	微机	1		台						
5	断路器	1		个						
6	熔断器	5		个						
7	交流接触器	2		个						
8	三相异步电动机	1		台						
9	按钮	3		个						
10	导线	10		m						

2）填写工具清单（表2-16）。

表2-16 工具清单

序号	名称	型号规格	单位	申领数量	实发数量	归还时间	归还人签名	管理员签名	备注

三、接线与调试、运行

1）选好元器件，按设计的接线原理图进行安装接线。

2）输入程序，并调试、运行。

特别提示：

① 工作时，出现事故应立即切断电源并报告指导老师。

② 将本组设计的 PLC 接线图、设计程序、调试结果与其他组进行对比，检查是否正确或相同，在组内和组外进行充分的讨论和修改，得出最佳实施方案。

3）填写垂直电梯的升降控制任务实施记录表（表 2-17）。

表 2-17　垂直电梯的升降控制任务实施记录表

任务名称	垂直电梯的升降控制					
班级		姓名		组别		日期	
学生过程记录						完成情况
元器件选择正确						
电路连接正确						
I/O 分配表填写正确						
PLC 接线图绘制正确						
程序编写正确						
调试记录：小组派代表展示调试效果，接受全体同学的检查，测试控制要求的实现情况，记录过程。 按下 SB1 按钮，然后放手，会出现的现象为 按下 SB3 按钮，然后放手，会出现的现象为 按下 SB2 按钮，然后放手，会出现的现象为 按下 SB3 按钮，然后放手，会出现的现象为 同时按下 SB1、SB3 按钮，然后先放开 SB1，再放开 SB3，会出现的现象为 同时按下 SB1、SB3 按钮，然后先放开 SB3，再放开 SB1，会出现的现象为						

评价反馈

填写垂直电梯的升降控制评价表（表 2-18）。

表 2-18 垂直电梯的升降控制评价表

项目内容	配分	评分标准	评分			
			互检		专检	
			扣分	得分	扣分	得分
电路设计	20分	1）I/O地址遗漏或错误，每处扣1分，最多扣5分 2）梯形图表达不正确或画法不规范，每处扣1分，最多扣5分 3）接线图表达不正确或画法不规范，每处扣1分，最多扣5分 4）指令有错，每条扣1分，最多扣5分				
安装接线	30分	1）接线不紧固、不美观，每根扣2分，最多扣10分 2）接点松动、遗漏，每处扣0.5分，最多扣5分 3）损伤导线绝缘或线芯，每根扣0.5分，最多扣5分 4）不按PLC控制I/O接线图接线，每处扣2分，最多扣10分				
程序输入与调试	40分	1）不会熟练操作计算机键盘输入指令，每处扣1分，最多扣5分 2）不会用删除、插入、修改指令，每项扣1分，最多扣5分 3）1次试车不成功扣8分，2次试车不成功扣15分，3次试车不成功扣30分				
安全文明生产	10分	1）违反操作规程，产生不安全因素，酌情扣5～7分 2）未按管理要求对实训室进行整理与清扫，酌情扣1～3分				
学习心得	根据学习过程谈谈自己的学习感受，如学习收获、遇到的困难、努力方向					

综合评定：

互检得分：　　　　　专检得分：　　　　　　　综合得分：

说明：综合得分＝0.3×互检＋0.7×专检

填写垂直电梯的升降控制学习任务评价表（表2-19）。

表 2-19 学习任务评价表

评价指标	评价等级			
	A	B	C	D
出勤情况				
工作页填写				
实施记录表填写				
工具的摆放				
清洁卫生				

总体评价（学习进步方面、今后努力方向）：

教师签名：　　　　　　　年　　月　　日

巩固练习

1. 自保持的指令是（   ）。
   A. RST   B. SET   C. PLS   D. PLF

2. 出栈的指令是（   ）。
   A. MRD   B. MCR   C. MPP   D. MPS

3. 读栈的指令是（   ）。
   A. MPS   B. MRD   C. MCR   D. MPP

4. 下列 FX 系列 PLC 指令中，不属于连接指令的是（   ）。
   A. SET   B. ANB   C. ORB   D. MPS

5. 下列 FX 系列 PLC 指令中，属于线圈指令的是（   ）。
   A. AND   B. RST   C. MPS   D. MCR

6. SET 指令不能操作的元器件是（   ）。
   A. Y   B. T   C. M   D. S

7. 进栈的指令是（   ）。
   A. MCR   B. MPS   C. MRD   D. MPP

8. 复位的指令是（   ）。
   A. SET   B. PLS   C. RST   D. PLF

9. 上升沿脉冲输出的指令是（   ）。
   A. SET   B. PLF   C. PLS   D. RST

10. 下列 FX 系列 PLC 指令中，不属于线圈输出指令的是（   ）。
    A. RST   B. MCR   C. PLS   D. PLF

11. 下降沿脉冲输出的指令是（   ）。
    A. PLS   B. PLF   C. SET   D. RST

12. 下列语句中表述错误的是（   ）。
    A. LD S10   B. OUT X01
    C. SET Y01   D. OR T10

参考答案

1. B 2. C 3. B 4. A 5. B 6. B 7. B 8. C 9. C 10. B 11. B 12. B

任务四 供水水泵的起动控制

任务描述

在工业上，恒压供水用到的大容量电动机需采用减压起动。根据供水水泵的起动控制要求，采用丫-△减压起动控制方式。根据供水水泵降压起动的 PLC 控制要求，运用 PLC 的定时器指令，列出 I/O 分配表，绘制外部接线图，制订合理的设计方案，选择合适的器件和线材，准备好工具和耗材，与组员合作完成供水水泵起动控制电路的 PLC 程序编写，并对电路进行安装和调试。

学习目标

1）能描述 PLC 实现供水水泵丫-△减压起动控制的过程。

2）能根据供水水泵控制要求，灵活运用经验法，按照梯形图的设计原则将继电器控制电路转换成梯形图。

3）能运用定时器 T 完成供水水泵起动控制的程序设计。

4）能使用三菱 GX Developer 编程软件监控定时器的时间变化。

5）能实现 PLC 与实验箱之间的接线，完成供水水泵起动控制系统的运行、程序调试。

任务结构

供水水泵的启动控制

一、明确任务

二、探索新知
- 1. 电动机丫-△减压起动控制电路
- 2. 供水水泵丫-△减压起动控制电路转换成PLC梯形图
- 3. 供水水泵丫-△减压起动控制的切换时间
- 4. 供水水泵起动控制梯形图转换成指令表

三、任务实施
- 1. 系统设计
  - ① 列出I/O分配表
  - ② 绘制PLC接线图
  - ③ 编写程序
- 2. 有关设备与工具准备
  - ① 填写设备清单
  - ② 填写工具清单
- 3. 接线与调试、运行
  - ① 安装接线
  - ② 输入程序，并调试、运行
  - ③ 填写任务实施记录表

四、评价反馈

五、巩固练习

课件：供水水泵的起动控制

探索新知

◎ 问题引导 1：根据电动机丫-△减压起动控制电路，补充完成图 2-18 的工作过程。

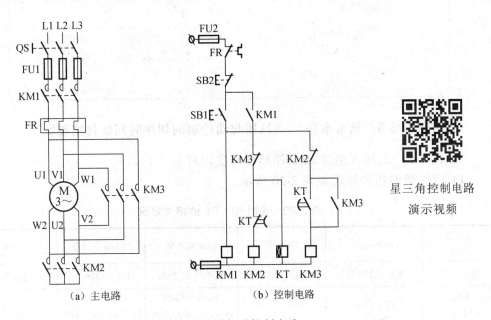

（a）主电路　　　　　（b）控制电路

星三角控制电路
演示视频

图 2-18　电动机丫-△减压起动控制电路

1）起动：按下按钮_____然后松开，交流接触器_____得电自锁，交流接触器_____得电，电动机_____型起动；同时定时器 KT 得电，并开始计时，至设定时间时，KM_____失电，KM_____得电自锁，电动机_____型运转，_____失电。

2）停止：按下按钮_____，KM_____、KM_____同时_____，电动机 M_____。

在丫-△起动控制电路中，开关 QS、熔断器 FU、接触器主触点、热继电器 FR 及电动机组成主电路部分，而由按钮 SB1、SB2，接触器 KM1、KM2、KM3 线圈、辅助触点和定时器 KT 组成控制电路部分。PLC 主要针对控制电路进行改造，而主电路部分保留不变。

在控制电路中，按钮属于控制信号，应作为 PLC 的输入量分配接线端子；而接触器线圈属于被控对象，应作为 PLC 的输出量分配接线端子。

◎ **问题引导 2：如何将供水水泵丫-△减压起动控制电路转换成 PLC 梯形图？**

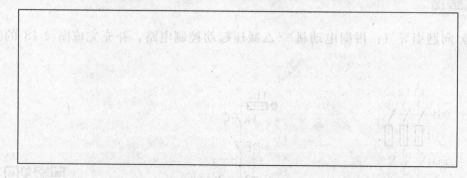

◎ **问题引导 3：供水水泵丫-△减压起动控制的切换时间如何实现？**

供水水泵丫-△减压起动 PLC 梯形图需要定时器（T）。

1）定时器的相关知识如表 2-20 所示。

表 2-20　定时器（T）的相关知识

定时器类型	100ms 型	10ms 型	1ms 累计型	100ms 累计型	电位器型
定时范围	0.1～3276.7s	0.01～327.67s	0.001～32.767s	0.1～3276.7s	0～255 的数值
FX$_{2N}$ FX$_{2NC}$ 系列	T0～T199 200 点	T200～T245 46 点	T246～T249 共 4 点，执行中断时数据保持	T250～T255 共 6 点，断电数据保持	功能扩展板 8 点

2）使用举例，如图 2-19 所示。

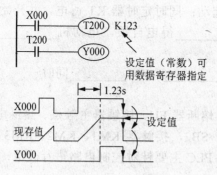

如果定时器线圈 T200 的驱动输入 X000 为 ON，T200 用当前值计数器累计 10ms 的时钟脉冲。如果该值等于设定值 K123，则定时器的输出触点动作。即输出触点在线圈驱动 1.23s 后动作。驱动输入 X000 断开或停电，定时器复位，输出触点复位

图 2-19　定时器使用举例

3）使用说明：定时器的作用是进行精确定时，应用时要注意恰当地使用不同时基的定时器，以提高定时器的时间精度。

◎ 问题引导 4：运用定时器知识，结合前面所学指令，将供水水泵起动控制的梯形图转换成指令表。

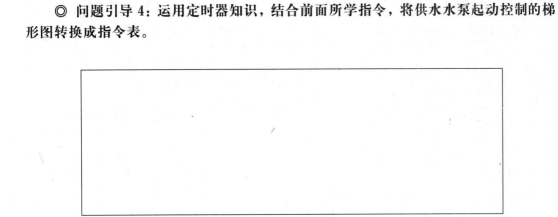

任务实施

一、系统设计

1）列出供水水泵丫-△减压起动控制的 I/O 分配表（表 2-21）。

表 2-21 I/O 分配表

输入		输出	
SB1（起动按钮）	X1	KM1（交流接触器）	Y1
SB2（停止按钮）	X3	KM2（交流接触器）	Y2
		KM3（交流接触器）	Y3

2）绘制供水水泵丫-△减压起动控制的 PLC 外部接线图。

3）编写供水水泵丫-△减压起动控制程序（图 2-20）。

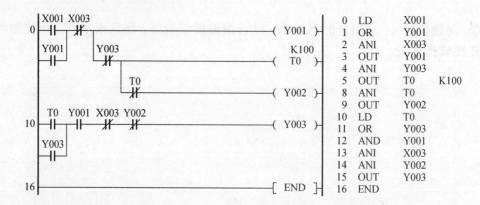

图 2-20　供水水泵起动控制梯形图与指令表

二、有关设备与工具准备

1）填写设备清单（表 2-22）。

表 2-22　设备清单

序号	名称	数量	型号规格	单位	借出时间	借用人签名	归还时间	归还人签名	管理员签名	备注
1	安装板	1		块						
2	PLC	1		台						
3	导轨	0.3		m						
4	微机	1		台						
5	断路器	1		个						
6	熔断器	5		个						
7	交流接触器	2		个						
8	三相异步电动机	1		台						
9	按钮	2		个						
10	导线	30		m						

2）填写工具清单（表 2-23）。

表 2-23　工具清单

序号	名称	型号规格	单位	申领数量	实发数量	归还时间	归还人签名	管理员签名	备注

三、接线与调试、运行

1）选好元器件，按设计的接线原理图进行安装接线。

2）输入程序，并调试、运行。

特别提示： 工作时，出现事故应立即切断电源并报告指导老师。

3）填写供水水泵起动控制任务实施记录表（表2-24）。

表2-24 供水水泵起动控制任务实施记录表

任务名称			供水水泵起动控制				
班级		姓名		组别		日期	
学生过程记录							完成情况
元器件选择正确							
电路连接正确							
I/O 分配表填写正确							
PLC 接线图绘制正确							
程序编写正确							
调试记录：小组派代表展示调试效果，接受全体同学的检查，测试控制要求的实现情况，记录过程。 1）按下 SB1 按钮，会出现的现象为 2）按下 SB2 按钮，会出现的现象为 3）按下 SB1 按钮后，监控 T0、K 数值：							

评价反馈

填写供水水泵起动控制评价表（表2-25）。

表2-25 供水水泵起动控制评价表

项目内容	配分	评分标准	评分			
			互检		专检	
			扣分	得分	扣分	得分
电路设计	20分	1）I/O 地址遗漏或错误，每处扣1分，最多扣5分 2）梯形图表达不正确或画法不规范，每处扣1分，最多扣5分 3）接线图表达不正确或画法不规范，每处扣1分，最多扣5分 4）指令有错，每条扣1分，最多扣5分				

项目内容	配分	评分标准	评分			
			互检		专检	
			扣分	得分	扣分	得分
安装接线	30分	1）接线不紧固、不美观，每根扣2分，最多扣10分 2）接点松动、遗漏，每处扣0.5分，最多扣5分 3）损伤导线绝缘或线芯，每根扣0.5分，最多扣5分 4）不按PLC控制I/O接线图接线，每处扣2分，最多扣10分				
程序输入与调试	40分	1）不会熟练操作计算机键盘输入指令，每处扣1分，最多扣5分 2）不会用删除、插入、修改指令，每项扣1分，最多扣5分 3）1次试车不成功扣8分，2次试车不成功扣15分，3次试车不成功扣30分				
安全文明生产	10分	1）违反操作规程，产生不安全因素，酌情扣5~7分 2）未按管理要求对实训室进行整理与清扫，酌情扣1~3分				
学习心得	根据学习过程谈谈自己的学习感受，如学习收获、遇到的困难、努力方向					

综合评定：

互检得分：　　　　　专检得分：　　　　　　　　综合得分：

说明：综合得分＝0.3×互检＋0.7×专检

填写供水水泵起动控制学习任务评价表（表2-26）。

表2-26　供水水泵起动控制学习任务评价表

评价指标	评价等级			
	A	B	C	D
出勤情况				
工作页填写				
实施记录表填写				
工具的摆放				
清洁卫生				

总体评价（学习进步方面、今后努力方向）：

教师签名：　　　　年　　月　　日

巩 固 练 习

1. FX 系列 PLC 的 T199 定时器最大设定时间为（　　）。

    A．32.767s　　　　B．327.67s　　　　C．3276.7s　　　　D．32767s

2. FX 系列定时器代号是（　　）。

    A．Y　　　　　　B．T　　　　　　C．S　　　　　　D．M

3. OUT　T0　K50 指令是（　　）步。

    A．1　　　　　　B．2　　　　　　C．3　　　　　　D．4

4. 在 FX_{2N} PLC 中，T200 的定时精度为（　　）。

    A．1ms　　　　　B．10ms　　　　　C．100ms　　　　D．1s

5. 1min 特殊辅助时钟脉冲继电器代号是（　　）。

    A．M8011　　　　B．M8012　　　　C．M8013　　　　D．M8014

6. PLC 内部 100ms 时钟脉冲继电器代号是（　　）。

    A．M8011　　　　B．M8012　　　　C．M8013　　　　D．M8014

7. 1s 特殊辅助时钟脉冲继电器代号是（　　）。

    A．M8011　　　　B．M8012　　　　C．M8013　　　　D．M8014

8. 0.1s 特殊辅助时钟脉冲继电器代号是（　　）。

    A．M8011　　　　B．M8012　　　　C．M8013　　　　D．M8014

9. 根据电动机正反转梯形图（图 2-21），下列指令正确的是（　　）。

图 2-21　电动机正反转梯形图

    A．ORI　Y002　　B．LDI　X001　　C．ANI　X000　　D．AND　X002

10. 根据电动机顺序起动梯形图（图 2-22），下列指令正确的是（　　）。

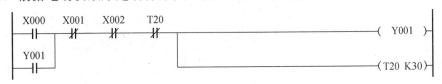

图 2-22　电动机顺序起动梯形图

    A．LDI　X000　　B．AND　T20　　C．AND　X001　　D．OUT　T20　K30

参考答案

1．C　2．B　3．C　4．B　5．D　6．B　7．C　8．B　9．C　10．D

任务五 智能洗衣机的控制

任务描述

洗衣机已经成为每家每户必不可少的家用电器，观察家用洗衣机的工作流程，设计模拟运行的控制方式。

根据观察，模拟控制要求如下。

1）按下起动按钮，进水阀门打开，洗涤桶开始进水；水位到达设定量，则进水阀关闭，表示水量已经足够。

2）当水量已经足够后洗衣波轮开始旋转，顺时针方向转 20s，停 5s；逆时针方向转 20s，停 5s；周而复始循环运行 3 次，波轮停止转动，排水阀打开，开始排水，30s 后排水完成。

3）排水完成后开始脱水（顺时针方向），脱水时间 20s，20s 后自动停止。

根据洗衣机模拟运行的控制要求，列出 I/O 分配表，绘制外部接线图，制订合理的设计方案，选择合适的器件和线材，准备好工具和耗材，与组员合作完成智能洗衣机控制的 PLC 程序编写，并对电路进行安装和调试。

学习目标

1）能根据控制要求，灵活运用经验法，按照梯形图的设计原则，运用基本指令和计数器 C 完成智能洗衣机控制的程序设计。

2）能使用三菱 GX Developer 编程软件，监控计数器的数量变化。

3）能实现 PLC 与实验箱之间的接线，完成智能洗衣机控制系统的运行、程序调试。

任务结构

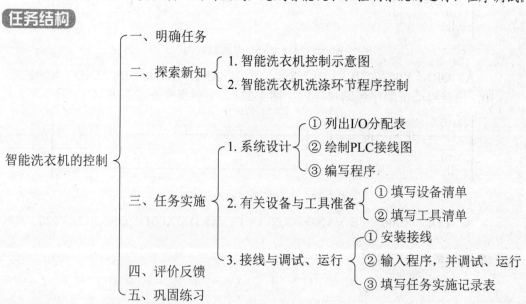

探索新知

◎ **问题引导 1：观察图 2-23 所示的智能洗衣机控制示意图，分析系统的 I/O 信号并列出 I/O 分配表。**

输入信号： _____。

输出信号： _____。

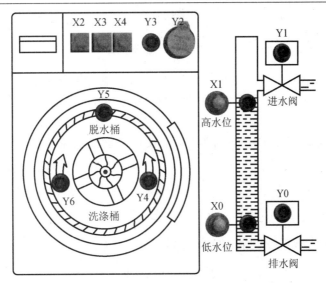

图 2-23　智能洗衣机控制示意图

◎ **问题引导 2：智能洗衣机在洗涤环节，波轮顺、逆时针旋转，循环 3 次的程序控制应如何实现？**

利用计数器（C）实现定时功能。

1）计数器的相关知识如表 2-27 所示。

表 2-27　计数器的相关知识

系列	16 位加计数器 0～32767 计数		32 位加/减计数器 −2147483648～＋2147483647 计数	
	一般用	停电保持用	停电保持用	特殊用
FX$_{2N}$、FX$_{2NC}$ 系列	C0～C99 100 点*	C100～C199 100 点**	C200～C219 20 点*	C220～C234 15 点**

* 表示非停电保持领域，通过设定参数可变更停电保持领域；

** 表示停电保持领域，通过设定参数可变更非停电保持领域。

2）使用举例，如图 2-24 所示。

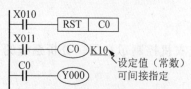

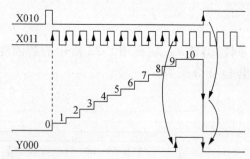

如果切断PLC的电源，则一般用计数器的计数值被清除，而停电保持用的计数器则可存储停电前的计数值，因此计数器可按上一次数值累计计数

设定值（常数）可间接指定

图 2-24　计数器指令

3）使用说明：C0 对 X011 的 OFF→ON 次数进行增计数，当它达到设定值 K10 时，输出触点 C0 动作。此后，X011 即使从 OFF→ON 变化，计数器的当前值不变，输出触点仍保持动作。

为了将此清除，令 X010 为接通状态，使输出触点复位。

任务实施

一、系统设计

1）列出智能洗衣机控制的 I/O 分配表（表 2-28）。

表 2-28　I/O 分配表

输入		输出	
高水位开关	X1	电动机顺时针运转	Y6
起动按钮 SB	X2	电动机逆时针运转	Y4
		进水电磁阀	Y1
		排水电磁阀	Y0
		脱水指示灯	Y5

2）绘制智能洗衣机控制的 PLC 外部接线图。

3）编写智能洗衣机控制的程序（图 2-25）。

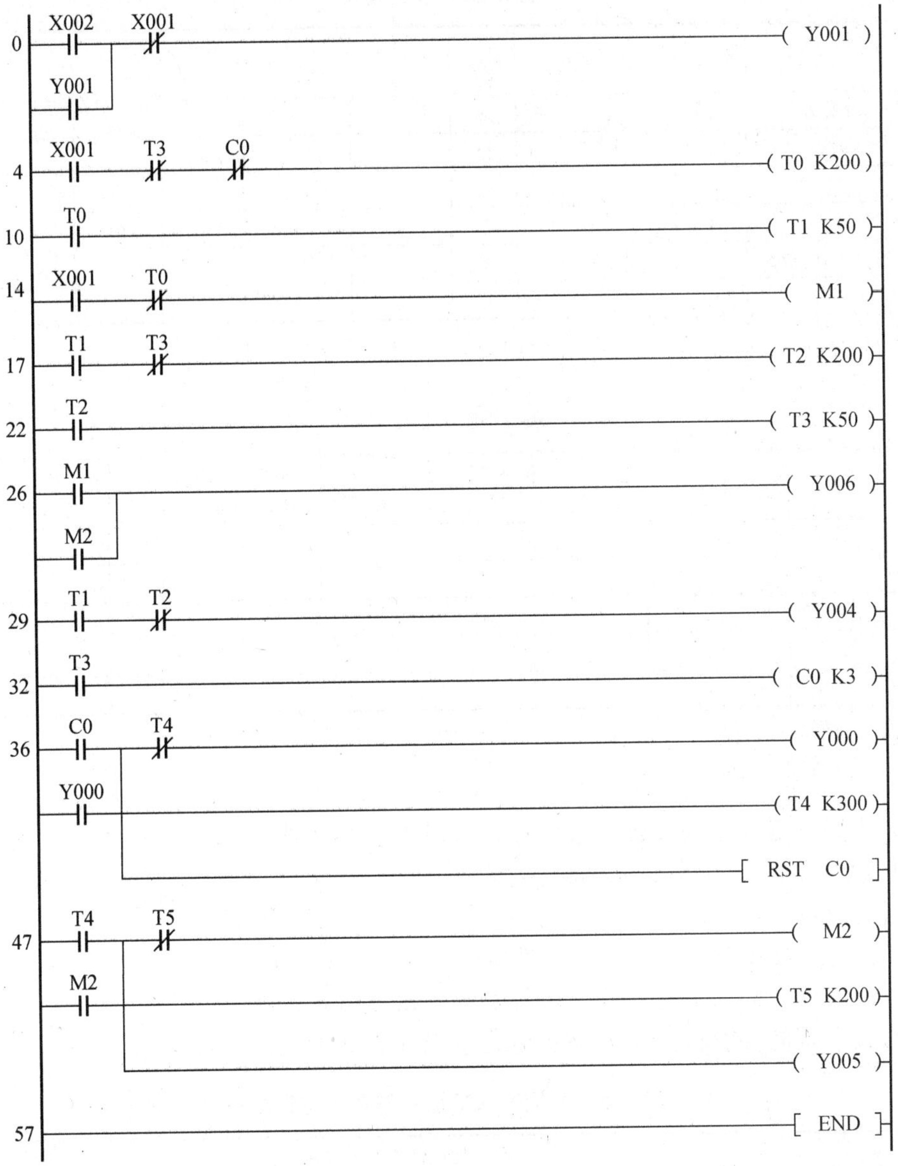

图 2-25 编写程序

二、有关设备与工具准备

1）填写设备清单（表 2-29）。

表 2-29 设备清单

序号	名称	数量	型号规格	单位	借出时间	借用人签名	归还时间	归还人签名	管理员签名	备注
1	安装板	1		块						
2	PLC	1		台						
3	导轨	0.3		m						
4	微机	1		台						
5	模拟控制模块	1		个						
6	导线	10		m						

2）填写工具清单（表 2-30）。

表 2-30 工具清单

序号	名称	型号规格	单位	申领数量	实发数量	归还时间	归还人签名	管理员签名	备注

三、接线与调试、运行

1）选好元器件，按设计的接线原理图进行安装接线。

2）输入程序，并调试、运行。

特别提示：

① 注意不要出现双线圈，一个循环过后计数器要清零。

② 工作时，出现事故应立即切断电源并报告指导老师。

3）填写智能洗衣机控制任务实施记录表（表 2-31）。

表 2-31 智能洗衣机控制任务实施记录表

任务名称	智能洗衣机的控制						
班级		姓名		组别		日期	
学生过程记录							完成情况
元器件选择正确							
电路连接正确							
I/O 分配表填写正确							
PLC 接线图绘制正确							
程序编写正确							

续表

任务名称			智能洗衣机的控制				
班级		姓名		组别		日期	
学生过程记录							完成情况

调试记录：小组派代表展示调试效果，接受全体同学的检查，测试控制要求的实现情况，记录过程。

按下 SB 按钮，会出现的现象为

按下 SB 按钮后，监控 T0、T1、T2、T3、T4、T5、C0 的数值变化，并绘制它们的时序图：

　　　T0

　　　T1

　　　T2

　　　T3

　　　T4

　　　T5

　　　C0

评价反馈

填写智能洗衣机控制评价表（表 2-32）。

表 2-32　智能洗衣机控制评价表

项目内容	配分	评分标准	评分			
			互检		专检	
			扣分	得分	扣分	得分
电路设计	20 分	1）I/O 地址遗漏或错误，每处扣 1 分，最多扣 5 分 2）梯形图表达不正确或画法不规范，每处扣 1 分，最多扣 5 分 3）接线图表达不正确或画法不规范，每处扣 1 分，最多扣 5 分 4）指令有错，每条扣 1 分，最多扣 5 分				
安装接线	30 分	1）接线不紧固、不美观，每根扣 2 分，最多扣 10 分 2）接点松动、遗漏，每处扣 0.5 分，最多扣 5 分 3）损伤导线绝缘或线芯，每根扣 0.5 分，最多扣 5 分 4）不按 PLC 控制 I/O 接线图接线，每处扣 2 分，最多扣 10 分				
程序输入与调试	40 分	1）不会熟练操作计算机键盘输入指令，每处扣 1 分，最多扣 5 分 2）不会用删除、插入、修改指令，每项扣 1 分，最多扣 5 分 3）1 次试车不成功扣 8 分，2 次试车不成功扣 15 分，3 次试车不成功扣 30 分				
安全文明生产	10 分	1）违反操作规程，产生不安全因素，酌情扣 5~7 分 2）未按管理要求对实训室进行整理与清扫，酌情扣 1~3 分				
学习心得		根据学习过程谈谈自己的学习感受，如学习收获、遇到的困难、努力方向				

综合评定：

互检得分：　　　　　专检得分：　　　　　　　综合得分：

说明：综合得分＝0.3×互检＋0.7×专检

填写智能洗衣机控制学习任务评价表（表 2-33）。

表 2-33　智能洗衣机控制学习任务评价表

评价指标	评价等级			
	A	B	C	D
出勤情况				
工作页填写				
实施记录表填写				
工具的摆放				
清洁卫生				

总体评价（学习进步方面、今后努力方向）：

教师签名：　　　　　　　　　　　　　　　　　　　　　年　　月　　日

巩 固 练 习

1. FX 系列 PLC 的 C99 计数器最大设定值是（　　　）。

　　A. 83647　　　　　B. 83648　　　　　C. 32767　　　　　D. 32768

2. FX 系列计数器代号是（　　　）。

　　A. M　　　　　　B. T　　　　　　　C. S　　　　　　　D. C

3. OUT　C0　K10 指令是（　　　）步。

　　A. 1　　　　　　B. 2　　　　　　　C. 3　　　　　　　D. 4

4. 下列器件需要复位的是（　　　）。

　　A. M　　　　　　B. T　　　　　　　C. Y　　　　　　　D. C

5. 继电器-接触器控制电路中的计数器，在 PLC 控制中可以用（　　　）替代。

　　A. W　　　　　　B. S　　　　　　　C. C　　　　　　　D. T

6. 如图 2-26 所示，在 FX$_{2N}$ PLC 程序中实现的是（　　　）。

　　A. Y0 延时 5s 接通，延时 10s 断开

　　B. Y0 延时 10s 接通，延时 5s 断开

　　C. Y0 延时 15s 接通，延时 5s 断开

　　D. Y0 延时 5s 接通，延时 15s 断开

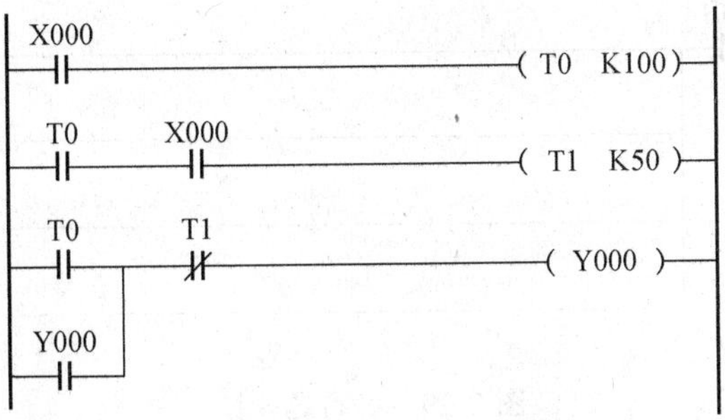

图 2-26　练习题 6 图

7. 如图 2-27 所示，FX₂ₙ PLC 控制电动机三角形起动时，（　　）是三角形起动输出继电器。

A．Y000 和 Y001　　　　　　B．Y000 和 Y002

C．Y001 和 Y002　　　　　　D．Y002

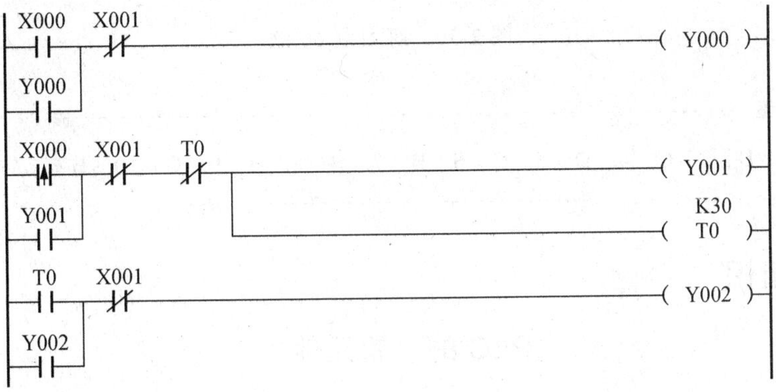

图 2-27　练习题 7 图

8. 如图 2-28 所示，在使用 FX₂ₙ PLC 多速电动机运行时，Y0 和 Y1 是（　　）。

A．Y001 运行 1s　　　　　　B．Y000 运行时，Y001 停止

C．Y000 运行 1s　　　　　　D．Y000、Y001 同时运行

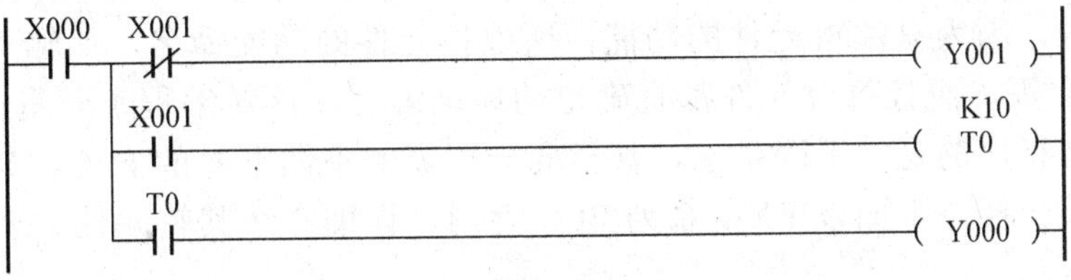

图 2-28　练习题 8 图

9. 如图 2-29 所示，PLC 梯形图实现的功能是（　　）。

A．两地控制　　B．双线圈输出　　C．多线圈输出　　D．以上都不对

图 2-29　练习题 9 图

10．如图 2-30 所示，PLC 梯形图实现的功能是（　　　　）。

　　A．点动控制　　　　B．起保停控制　　　C．双重联锁　　　　D．顺序起动

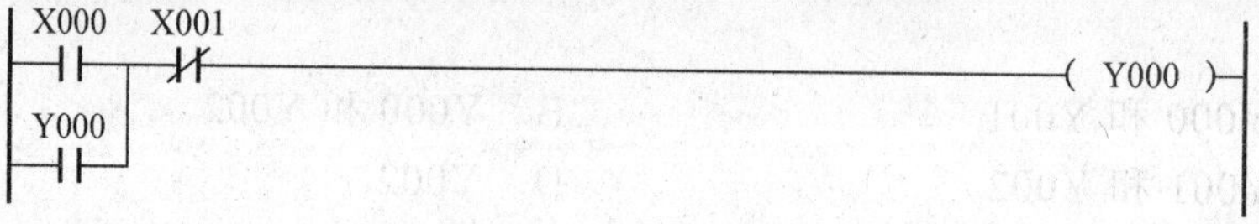

图 2-30　练习题 10 图

参考答案

　　1．C　2．D　3．C　4．D　5．C　6．B　7．B　8．B　9．C　10．B

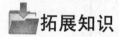拓展知识

PLC 的"软元件"

PLC 内部有许多具有不同功能的元件，实际上这些元件是由电子电路和存储器组成的。例如，输入继电器 X 由输入电路和输入映像寄存器组成，输出继电器 Y 由输出电路和输出映像寄存器组成，定时器 T、计数器 C、辅助继电器 M、状态继电器 S、数据寄存器 D、变址寄存器 V/Z 等都由存储器组成。为了把它们与通常的硬元件区分开，通常把这些元件称为软元件，是等效概念抽象模拟的元件，并非实际的物理元件。从工作过程看，因为只注重元件的功能，所以按元件的功能命名，如输入继电器 X、输出继电器 Y 等，而且每个元件都有确定的地址编号，这对编程十分重要。

需要特别指出的是，不同厂家，甚至同一厂家的不同型号的 PLC，其软元件的数量和种类都不一样。下面以 FX_{2N} 系列 PLC 为例，详细介绍其软元件。

1．输入继电器

输入继电器（X）与 PLC 的输入端子相连，是 PLC 接收外部开关信号的窗口，PLC 通过输入端子将外部信号的状态读入并存储在输入映像寄存器中。与输入端子连

接的输入继电器是光电隔离的电子继电器，其线圈、动合触点、动断触点与传统硬继电器表示方法一样。这些触点在 PLC 梯形图内可以自由使用。FX$_{2N}$ 系列 PLC 的输入继电器采用八进制地址编号，如 X000～X007、X010～X017（注意，通过 PLC 编程软件或编程器输入时，会自动生成 4 位八进制的地址编号，因此在标准梯形图中是 4 位地址编号，但在非标准梯形图中，习惯写成 X0～X7、X10～X17 等，输出继电器 Y 的写法与此类似），最多可达 256 点。

图 2-31 是一个 PLC 控制系统示意图，X000 端子外接的输入电路接通时，它对应的输入映像寄存器为 1 状态，断开时为 0 状态。输入继电器的状态唯一地取决于外部输入信号的状态，不可能受用户程序的控制，因此在梯形图中绝对不能出现输入继电器的线圈。

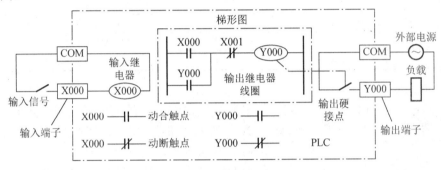

图 2-31　PLC 控制系统示意图

2. 输出继电器

输出继电器（Y）与 PLC 的输出端子相连，是 PLC 向外部负载发送信号的窗口。输出继电器用于将 PLC 的输出信号传送给输出单元，再由后者驱动外部负载。如图 2-31 的梯形图中 Y000 的线圈"通电"，继电器型输出单元中对应的硬件继电器的动合触点闭合，使外部负载工作。输出单元中的每一个硬件继电器仅有一对硬的动合触点，但是在梯形图中，每一个输出继电器的动合触点和动断触点都可以多次使用。FX$_{2N}$ 系列 PLC 的输出继电器采用八进制地址编号，如 Y0～Y7、Y10～Y17 等，最多可达 256 点，但输入、输出继电器的总和不得超过 256 点。扩展单元和扩展模块的输入/输出继电器的元件号是从基本单元开始，按从左到右、从上到下的顺序，采用八进制编号的。表 2-34 给出了 FX$_{2N}$ 系列 PLC 的输入/输出继电器元件号。

表 2-34　FX$_{2N}$ 系列 PLC 的输入/输出继电器元件号

型号	FX$_{2N}$-16M	FX$_{2N}$-32M	FX$_{2N}$-48M	FX$_{2N}$-64M	FX$_{2N}$-80M	FX$_{2N}$-12M	扩展时
输入	X0～X7 （8 点）	X0～X17 （16 点）	X0～X27 （24 点）	X0～X37 （32 点）	X0～X47 （40 点）	X0～X77 （64 点）	X0～X267 （184 点）
输出	Y0～Y7 （8 点）	Y0～Y17 （16 点）	Y0～Y27 （24 点）	Y0～Y37 （32 点）	Y0～Y47 （40 点）	Y0～Y77 （64 点）	Y0～Y267 （184 点）

3. 辅助继电器

PLC 内部有很多辅助继电器（M），它是一种内部的状态标志，相当于继电器控制系统中的中间继电器。它的动合触点、动断触点在 PLC 的梯形图内，可以无限次地自由使用，但是这些触点不能直接驱动外部负载，外部负载必须由输出继电器的外部硬接点来驱动。在逻辑运算中经常需要一些中间继电器作为辅助运算用，这些元件往往用作状态暂存、移位等运算。另外，辅助继电器还具有一些特殊功能。FX_{2N} 系列 PLC 的辅助继电器如表 2-35 所示。

表 2-35 FX_{2N} 系列 PLC 的辅助继电器

PLC	FX_{2N}
通用辅助继电器	500（M0～M499）
电池后备/锁存辅助继电器	2572（M500～M3071）
特殊辅助继电器	256（M8000～M8255）

（1）通用辅助继电器

在 FX_{2N} 系列 PLC 中，除了输入继电器和输出继电器的元件号采用八进制编号外，其他软元件的元件号均采用十进制。FX 系列 PLC 的通用辅助继电器没有断电保持功能。如果在 PLC 运行时电源突然中断，输出继电器和通用辅助继电器将全部变为 OFF；若电源再次接通，除了 PLC 运行时即为 ON 的以外，其余的均为 OFF 状态。

（2）电池后备/锁存辅助继电器

某些控制系统要求记忆电源中断瞬时的状态，重新通电后再现其状态，电池后备/锁存辅助继电器可以用于这种场合。在电源中断时用锂电池保持 RAM 中的映像寄存器的内容，或将它们保存在 EEPROM 中，它们只是在 PLC 重新通电后的第一个扫描周期保持断电瞬时的状态。为了利用它们的断电记忆功能，可以采用有记忆功能的电路。图 2-32 中 X000 和 X001 分别是起动按钮和停止按钮，M500 通过 Y000 控制外部的电动机，如果电源中断时 M500 为 1 状态，因为电路的记忆作用，重新通电后 M500 将保持为 1 状态，使 Y000 继续为 ON，电动机重新开始运行；而对于 Y001，则由于 M0 没有停电保持功能，电源中断后重新通电时，Y001 无输出，电动机停止工作。

（3）特殊辅助继电器

特殊辅助继电器共 256 点，它们用来表示 PLC 的某些状态，提供时钟脉冲和标志（如进位、借位标志），设定 PLC 的运行方式，或者用于步进顺控、禁止中断、设定计数器是加计数还是减计数等。特殊辅助继电器分为以下两类。

1）能利用其触点的特殊辅助继电器。线圈由 PLC 内部程序自动驱动，用户只可以利用其触点。如图 2-33 所示，M8000 为运行监控，PLC 运行时 M8000 接通。M8002 为初始脉冲，仅在运行开始瞬间接通一个扫描周期。因此，可以用 M8002 的动合触点来使有断电保持功能的元件初始化复位或给它们置初始值。

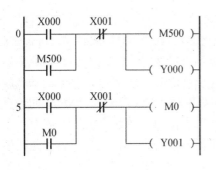

图 2-32 断电保持功能

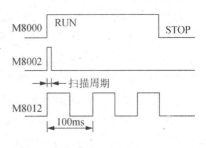

图 2-33 波形图

M8011～M8014 分别是 10ms、100ms、1s 和 1min 的时钟脉冲特殊辅助继电器。

2）可驱动线圈型特殊辅助继电器。由用户程序驱动其线圈，使 PLC 执行特定的操作，用户并不使用它们的触点。例如，M8030 为锂电池电压指示特殊辅助继电器，当锂电池电压跌落时，M8030 动作，指示灯亮，提醒 PLC 维修人员尽快更换锂电池。M8033 为 PLC 停止时输出保持特殊辅助继电器。M8034 为禁止输出特殊辅助继电器。

需要说明的是，未定义的特殊辅助继电器不可在用户程序中使用。

4．状态继电器

状态继电器（S）是构成状态流程图的重要软元件，它与后述的步进指令配合使用。状态继电器的动合触点和动断触点在 PLC 梯形图内可以自由使用，且使用次数不限。不用步进指令时，状态继电器 S 可以作为辅助继电器 M 在程序中使用。通常状态继电器有以下 5 种类型。

1）初始状态继电器：S0～S9，共 10 点。

2）回零状态继电器：S10～S19，共 10 点。

3）通用状态继电器：S20～S499，共 480 点。

4）保持状态继电器：S500～S899，共 400 点。

5）警用状态继电器：S900～S999，共 100 点，这 100 个状态继电器可用作外部故障诊断输出。

5．定时器

PLC 中的定时器（T）相当于继电器系统中的时间继电器。它有一个设定值寄存器（一个字长）、一个当前值寄存器（一个字长）和一个用来储存其输出触点状态的映像寄存器（占二进制的 1 位）。这 3 个存储单元使用同一个元件号。FX 系列 PLC 的定时器分为通用定时器和积算定时器。

常数 K 可以作为定时器的设定值，也可以用数据寄存器的内容来设定。例如，外部数字开关输入的数据可以存入数据寄存器，作为定时器的设定值。

（1）通用定时器（T0～T245）

T0～T199 为 100ms 定时器，定时范围为 0.1～3276.7s；T200～T245 为 10ms 定时器，定时范围为 0.01～327.67s。图 2-34 中 X000 的动合触点接通时，T200 的当前值计数器从零开始，对 10ms 时钟脉冲进行累加计数。当前值等于设定值 123 时，定时器的动合触点接通，动断触点断开，即 T200 的输出触点在其线圈被驱动 1.23s 后动作。X000 的动合触点断开后，定时器被复位。它的动合触点断开，动断触点接通，当前值恢复为零。

如果需要在定时器的线圈"通电"时就动作的瞬动触点，可以在定时器线圈两端并联一个辅助继电器的线圈，并使用它的触点。

通用定时器没有保持功能，在输入电路断开或停电时复位。

（2）积算定时器（T246～T255）

1ms 积算定时器 T246～T249 的定时范围为 0.001～32.767s，100ms 积算定时器 T250～T255 的设定范围为 0.1～3276.7s。如图 2-35 所示，X001 的动合触点接通时，T250 的当前值计数器对 100ms 时钟脉冲进行累加计数。当前值等于设定值 343 时，定时器的动合触点接通，动断触点断开。X001 的动合触点断开或停电时停止计时，当前值保持不变。X001 的动合触点再次接通或复电时继续计时，累计时间（$t_1 + t_2$）为 343s 时，T250 的触点动作。X002 的动合触点接通时 T250 复位。

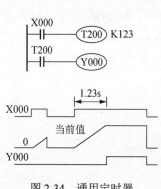

图 2-34 通用定时器

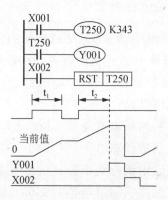

图 2-35 积算定时器

6. 计数器

内部计数器（C）用来对 PLC 内部信号 X、Y、M、S 等计数，属于低速计数器。内部计数器输入信号接通或断开的持续时间，应大于 PLC 的扫描周期。

例如，16 位加计数器的设定值为 1～32767，其中 C0～C99 为通用型，C100～C199 为断电保持型。图 2-36 给出了加计数器的工作过程，图中 X010 的动合触点接通后，C0 被复位，它对应的位存储单元被置 0，它的动合触点断开，动断触点接通，同时其计数当前值被置为 0。X011 用来提供计数输入信号，当计数器的复位输入电路断开，计数输入电路由断开变为接通（计数脉冲的上升沿）时，计数器的当前值加 1。在 9 个计数脉冲之后，

C0 的当前值等于设定值 9，它对应的位存储单元的内容被置 1，其动合触点接通，动断触点断开。再次计数脉冲时当前值不变，直到复位输入电路接通，计数器的当前值被置 0。除了可由常数 K 来设定计数器的设定值外，还可以通过指定数据寄存器来设定，这时设定值等于指定的数据寄存器中的数。

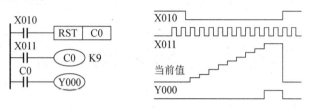

图 2-36 加计数器的工作过程

7. 数据寄存器

数据寄存器（D）在模拟量检测与控制，以及位置控制等场合用来储存数据和参数，数据寄存器为 16 位（最高位为符号位），两个合并起来可以存放 32 位数据。

（1）通用数据寄存器（D0～D199）

特殊辅助继电器 M8033 为 OFF 时，通用数据寄存器 D0～D199（共 200 点）无断电保持功能；M8033 为 ON 时，D0～D199 有断电保持功能。

（2）断电保持数据寄存器（D200～D7999）

数据寄存器 D200～D511（共 312 点）有断电保持功能，利用外部设备的参数设定可改变通用数据寄存器与有断电保持功能的数据寄存器的分配，其中 D490～D509 供通信用。D512～D7999 的断电保持功能不能用软件改变，可用 RST 和 ZRST 指令清除它们的内容。

（3）文件寄存器

文件寄存器以 500 点为单位，可以被外部设备存取。

（4）特殊数据寄存器（D8000～D8255）

特殊数据寄存器 D8000～D8255（共 256 点）用来监控 PLC 的运行状态，如电池电压、扫描时间、正在动作的状态编号等。

（5）变址寄存器（V0～V7 和 Z0～Z7）

FX_{2N} 系列 PLC 有 16 个变址寄存器 V0～V7 和 Z0～Z7，在 32 位操作时将 V、Z 合并使用，Z 为低位。变址寄存器可用来改变软元件的元件号。例如，当 V0＝12 时，数据寄存器 D6V0 相当于 D18（6＋12＝18）。通过修改变址寄存器的值，可以改变实际的操作数。变址寄存器也可以用来修改常数的值。例如，当 Z0＝21 时，K48Z0 相当于常数 69（48＋21＝69）。

8. 常数

常数 K 用来表示十进制常数，16 位常数的范围为－32768～＋32767，32 位常数的范围为−2147483648～＋2147483647。常数 H 用来表示十六进制常数，十六进制包括 0～9 和 A～F 16 个数字，16 位常数的范围为 0～FFFF，32 位常数的范围为 0～FFFFFFFF。

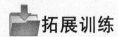拓展训练

拓展训练一　液体混合装置的控制

训练描述

洗衣液是把母料、香精等加入水中搅拌制作而成的。

图 2-37 为液体混合装置，上（液位 3）、中（液位 2）、下（液位 1）限位和底限位传感器（X2）被液体淹没时为 ON，水（A 液）、母料（B 液）、香精（C 液）流入阀门与混合液流出阀门由电磁阀 Y3、Y2、Y1、Y4 控制，Y6 为搅匀电动机，控制要求如下。

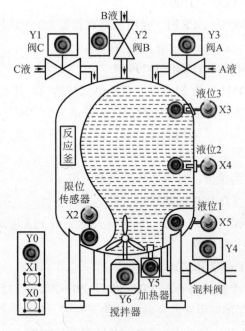

图 2-37　液体混合装置

初始状态：装置投入运行时，水、母料、香精等流入阀门关闭，混合液流出阀门打开，液面低于底限位传感器后，容器放空，流出阀门关闭。

起动操作：按下起动按钮 X0，装置开始按下列约定的规律操作。流入水阀门 Y3 打开，水流入容器，下限位开关为 ON 时，关闭流入水阀门，打开流入母料阀门

Y2; 中限位开关为 ON 时，关闭流入母料阀门，打开流入香精阀门 Y1; 上限位开关为 ON 时，关闭流入香精阀门，搅匀电动机 Y6 开始搅拌。搅匀电动机工作，同时加热混合液体 10s 后停止，液体排放阀门 Y4 打开，开始放出混合液体。当液面下降到底限位开关 OFF 时，容器放空，混合液阀门关闭，开始下一周期。如此循环 2 次后停止工作。

　　停止操作：按下停止按钮 X1 后，在当前的混合液操作处理完毕后，才停止操作（停止在初始状态）。

训练实施

一、系统设计

1）列出液体混合装置控制的 I/O 分配表（表 2-36）。

表 2-36　I/O 分配表

输入		输出	

2）绘制液体混合装置控制的 PLC 外部接线图。

3）编写液体混合装置控制的控制程序。

二、有关设备与工具准备

1）填写设备清单（表 2-37）。

表 2-37　设备清单

序号	名称	数量	型号规格	单位	借出时间	借用人签名	归还时间	归还人签名	管理员签名	备注

2）填写工具清单（表 2-38）。

表 2-38　工具清单

序号	名称	型号规格	单位	申领数量	实发数量	归还时间	归还人签名	管理员签名	备注

三、接线与调试、运行

1）选好元器件，按设计的接线原理图进行安装接线。

2）输入程序，并调试、运行。

特别提示：工作时，出现事故应立即切断电源并报告指导老师。

3）填写混合液体装置控制任务实施记录表（表 2-39）。

表 2-39　混合液体装置控制任务实施记录表

任务名称	混合液体装置的控制					
班级		姓名		组别		日期	
学生过程记录						完成情况
元器件选择正确						
电路连接正确						
I/O 分配表填写正确						
PLC 接线图绘制正确						
程序编写正确						
调试记录：小组派代表展示调试效果，接受全体同学的检查，测试控制要求的实现情况，记录过程						

评价反馈

填写液体混合装置控制评价表（表 2-40）。

表 2-40　液体混合装置控制评价表

项目内容	配分	评分标准	评分			
			互检		专检	
			扣分	得分	扣分	得分
电路设计	20 分	1）I/O 地址遗漏或错误，每处扣 1 分，最多扣 5 分 2）梯形图表达不正确或画法不规范，每处扣 1 分，最多扣 5 分 3）接线图表达不正确或画法不规范，每处扣 1 分，最多扣 5 分 4）指令有错，每条扣 1 分，最多扣 5 分				
安装接线	30 分	1）接线不紧固、不美观，每根扣 2 分，最多扣 10 分 2）接点松动、遗漏，每处扣 0.5 分，最多扣 5 分 3）损伤导线绝缘或线芯，每根扣 0.5 分，最多扣 5 分 4）不按 PLC 控制 I/O 接线图接线，每处扣 2 分，最多扣 10 分				
程序输入与调试	40 分	1）不会熟练操作计算机键盘输入指令，每处扣 1 分，最多扣 5 分 2）不会用删除、插入、修改指令，每项扣 1 分，最多扣 5 分 3）1 次试车不成功扣 8 分，2 次试车不成功扣 15 分，3 次试车不成功扣 30 分				
安全文明生产	10 分	1）违反操作规程，产生不安全因素，酌情扣 5~7 分 2）未按管理要求对实训室进行整理与清扫，酌情扣 1~3 分				
学习心得	根据学习过程谈谈自己的学习感受，如学习收获、遇到的困难、努力方向					

综合评定：

互检得分：　　　　专检得分：　　　　　综合得分：

说明：综合得分＝0.3×互检＋0.7×专检

填写液体混合装置控制学习任务评价表（表2-41）。

表2-41 液体混合装置控制学习任务评价表

评价指标	评价等级			
	A	B	C	D
出勤情况				
工作页填写				
实施记录表填写				
工具的摆放				
清洁卫生				

总体评价（学习进步方面、今后努力方向）：

教师签名：　　年　月　日

拓展训练二　交通灯系统的控制

训练描述

现在城市的路网复杂，车辆很多，道路的通行压力很大，为了提高车辆的通行率，在很多十字路口都应用交通灯对各向的通行车辆进行管理，如图2-38所示。

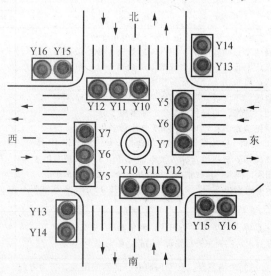

图2-38　交通灯自动控制示意图

交通灯的控制要求如下。

信号灯受一个起停开关控制，当起停开关接通时，信号灯系统开始工作，且先南北红灯亮，东西绿灯亮，南北红灯亮维持 25s，在南北红灯亮的同时东西绿灯也亮，并维持20s。到20s时，东西绿灯闪亮，闪亮3s后熄灭。在东西绿灯熄灭时，东西黄灯亮，并维持2s。到2s时，东西黄灯熄灭，东西红灯亮，同时，南北红灯熄灭，绿灯亮。

　　东西红灯亮维持25s。南北绿灯亮维持20s，然后闪亮3s后熄灭。同时南北黄灯亮，维持2s后熄灭，这时南北红灯亮，东西绿灯亮，周而复始。当起停开关断开时，所有信号灯都熄灭。

训练实施

一、系统设计

1）列出交通灯系统控制的 I/O 分配表（表 2-42）。

表 2-42　I/O 分配表

输入		输出	

2）绘制交通灯系统控制的 PLC 外部接线图。

3）编写交通灯系统控制程序。

二、有关设备与工具准备

1）填写设备清单（表 2-43）。

表 2-43　设备清单

序号	名称	数量	型号规格	单位	借出时间	借用人签名	归还时间	归还人签名	管理员签名	备注

2）填写工具清单（表 2-44）。

表 2-44　工具清单

序号	名称	型号规格	单位	申领数量	实发数量	归还时间	归还人签名	管理员签名	备注

三、接线与调试、运行

1）选好元器件，按设计的接线原理图进行安装接线。

2）输入程序，并调试、运行。

特别提示： 工作时，出现事故应立即切断电源并报告指导老师。

3）填写交通灯系统控制任务实施记录表（表 2-45）。

表 2-45　交通灯系统控制任务实施记录表

任务名称	交通灯系统的控制					
班级		姓名		组别		日期	
学生过程记录						完成情况
元器件选择正确						
电路连接正确						
I/O 分配表填写正确						
PLC 接线图绘制正确						
程序编写正确						
调试记录：小组派代表展示调试效果，接受全体同学的检查，测试控制要求的实现情况，记录过程						

评价反馈

填写交通灯系统控制评价表（表 2-46）。

表 2-46　交通灯系统控制评价表

项目内容	配分	评分标准	评分			
			互检		专检	
			扣分	得分	扣分	得分
电路设计	20 分	1）I/O 地址遗漏或错误，每处扣 1 分，最多扣 5 分 2）梯形图表达不正确或画法不规范，每处扣 1 分，最多扣 5 分 3）接线图表达不正确或画法不规范，每处扣 1 分，最多扣 5 分 4）指令有错，每条扣 1 分，最多扣 5 分				
安装接线	30 分	1）接线不紧固、不美观，每根扣 2 分，最多扣 10 分 2）接点松动、遗漏，每处扣 0.5 分，最多扣 5 分 3）损伤导线绝缘或线芯，每根扣 0.5 分，最多扣 5 分 4）不按 PLC 控制 I/O 接线图接线，每处扣 2 分，最多扣 10 分				
程序输入与调试	40 分	1）不会熟练操作计算机键盘输入指令，每处扣 1 分，最多扣 5 分 2）不会用删除、插入、修改指令，每项扣 1 分，最多扣 5 分 3）1 次试车不成功扣 8 分，2 次试车不成功扣 15 分，3 次试车不成功扣 30 分				

续表

项目内容	配分	评分标准	评分			
			互检		专检	
			扣分	得分	扣分	得分
安全文明生产	10分	1）违反操作规程，产生不安全因素，酌情扣 5～7 分 2）未按管理要求对实训室进行整理与清扫，酌情扣 1～3 分				
学习心得		根据学习过程谈谈自己的学习感受，如学习收获、遇到的困难、努力方向				

综合评定：

互检得分：　　　　专检得分：　　　　　　综合得分：

说明：综合得分＝0.3×互检＋0.7×专检

填写交通灯系统控制学习任务评价表（表 2-47）。

表 2-47　交通灯系统控制学习任务评价表

评价指标	评价等级			
	A	B	C	D
出勤情况				
工作页填写				
实施记录表填写				
工具的摆放				
清洁卫生				

总体评价（学习进步方面、今后努力方向）：

教师签名：　　　年　　月　　日

模块三

PLC 步进指令及应用

任务六　洗衣液装置的控制

任务描述

洗衣液是把母料、香精等加入水中搅拌制作而成的。

图 3-1 所示为三种液体混合装置，上（液位3）、中（液位2）、下（液位1）限位和底限位传感器（X2）被液体淹没时为 ON，水（A液）、母料（B液）、香精（C液）流入阀门与混合液流出阀门由电磁阀 Y3、Y2、Y1、YV4 控制，Y6 为搅匀电动机，控制要求如下。

初始状态：装置投入运行时，水、母料、香精等流入阀门关闭，混合液流出阀门打开，液面低于底限位传感器后，容器放空，流出阀门关闭。

起动操作：按下起动按钮 X0，装置开始按下列约定的规律操作。流入水阀门 Y3 打开，水流入容器，下限位开关为 ON 时，关闭流入水阀门，打开流入母料阀门 Y2；中限位开关为 ON 时，关闭流入母料阀门，打开流入香精阀门 Y1；上限位开关为 ON 时，关闭流入香精阀门，搅匀电动机 Y6 开始搅拌。搅匀电动机工作，同时加热混合液体 10s 后停止，液体排放阀门 Y4 打开，开始放出混合液体。当液面下降到底限位开关 OFF 时，容器放空，混合液阀门关闭，开始下一周期。如此循环 2 次后停止工作。

停止操作：按下停止按钮 X1 后，在当前的混合液操作处理完毕后，才停止操作（停止在初始状态）。

课件：洗衣液装
置的控制

洗衣液装置工作
流程演示视频

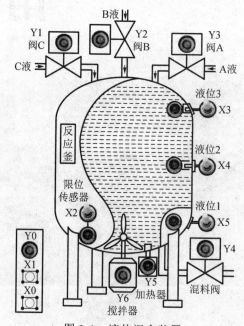

图 3-1　液体混合装置

学习目标

1）能解释步进指令 STL、RET 的功能，并能熟练运用步进指令编程。

2）能使用步进指令设计单流程控制。

3）根据控制要求，运用步进指令完成制作洗衣液控制装置的程序设计和运行调试。

任务结构

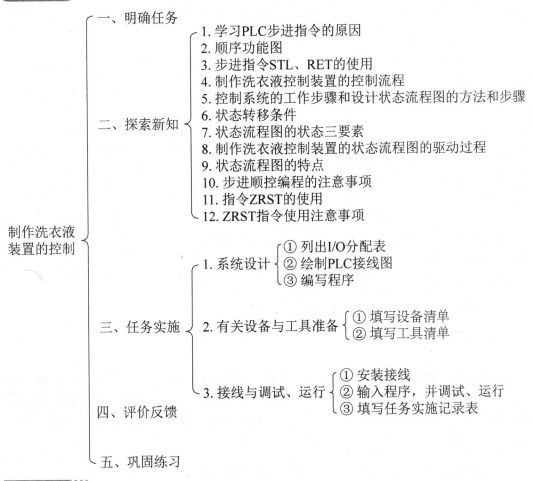

探索新知

◎　**问题引导 1：为什么要学习 PLC 步进指令？**

用梯形图或指令表方式编程虽然广为电气技术人员接受，但由于其没有一套固定的方法和步骤可以遵循，而且具有很大的试探性和随意性，内部的联锁、互动关系极其复杂，因此梯形图往往比较长，造成可读性差、修改麻烦等问题。

在生产过程中，大多是按照生产工艺预先规定的顺序，在各个输入信号的作用下，根据内部状态和时间的顺序，在生产过程中各个执行机构自动有序地进行操作。为了能简单、快捷地编写顺序控制程序，PLC 中设置了步进指令，以完成步进控制。

◎ 问题引导 2：什么是顺序功能图？

顺序功能图又称为状态流程图，它是一种用状态继电器来表示的图，如图 3-2 所示。

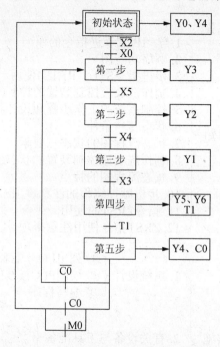

图 3-2　顺序功能图

顺序控制将控制程序划分成各个相互独立的程序段（称为"过程"），并按照一定的次序分段执行。下一过程由前一过程激活，而且在执行下一过程之前，必须先清除上一个过程。就好像人走路一样，要向前走必须先将后脚离开原支撑点，才能一步一步地向前迈进，因此形象地称之为"步进"控制。

◎ 问题引导 3：步进指令 STL、RET 是如何使用的？

步进指令 STL 须与状态继电器 S 配合使用，FX_{2N} 内部有 1000 个状态继电器（S0～S999），通常将 S0～S9 用于初始过程（初始步），将 S10～S19 用于自动返回工作原点。此外，在步进控制结束处，须用 RET 指令使 STL 指令复位。STL 触点用符号———‖———或符号┤STL├表示。

◎ **问题引导 4：分析制作洗衣液控制装置的控制流程，列出系统的输入/输出信号？**

输入信号：_____

输出信号：_____

◎ **问题引导 5：根据制作洗衣液控制装置的任务要求，根据控制系统的工序分解流程图的状态，明确各状态的功能，并叙述设计状态流程图的方法和步骤。**

下面仍以制作洗衣液控制装置为例，说明设计 PLC 状态流程图的方法和步骤。

1）将整个控制过程按任务要求分解成若干个工序，其中的每一个工序对应一个状态（步），并分配状态继电器。

制作洗衣液控制装置的状态继电器分配如下：初始化→S0，流入液体 A→S20，流入液体 B→S21，流入液体 C→S22，搅拌、加热→S23，混合液排出→S24。

2）弄清楚每个状态的功能。状态的功能是通过状态元件驱动各种负载来完成的，负载可由状态元件直接驱动，也可由其他软触点的逻辑组合驱动。

制作洗衣液控制装置的各个状态功能如下。

S0：初始排空（驱动 Y4 线圈，打开阀门 Y4）。

S20：等待起动。流入液体 A（驱动 Y3 线圈，打开阀门 Y3）。

S21：流入液体 B（驱动 Y2 线圈，打开阀门 Y2）。

S22：流入液体 C（驱动 Y1 线圈，打开阀门 Y1）。

S23：搅拌、加热（驱动 Y6 线圈，进行搅拌；驱动 Y5 线圈，进行加热）。

S24：混合液排出（驱动 Y4 线圈，打开阀门 Y4）。

3）找出每个状态的转移条件和方向，即在什么条件下将下一个状态"激活"。状态的转移条件可以是单一的触点，也可以是多个触点的串、并联电路的组合。

◎ **问题引导 6：根据制作洗衣液控制装置的状态流程图（图 3-3），填写各个状态转移条件。**

S0：初始脉冲 M8002。

S20：① _____ ；② _____ 。

S21：_____ 。

S22：_____ 。

S23：_____ 。

S24：_____ 。

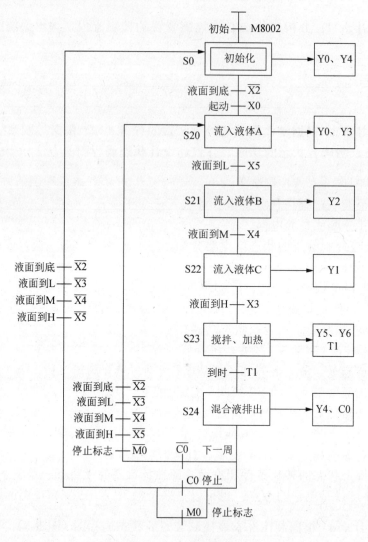

图 3-3　状态流程图

问题引导 7：分析状态流程图的状态三要素。

状态流程图中的状态有驱动负载、指定转移方向和转移条件 3 个要素。其中指定转移方向和转移条件是必不可少的，驱动负载则要视具体情况，也可能不进行实际负载的驱动。如图 3-3 所示，其中 Y1 线圈为状态 S22 驱动的负载，Y2 线圈为状态 S21 驱动的负载，Y3 线圈为状态 S20 驱动的负载，Y4 线圈为状态 S0、S24 驱动的负载，Y5 线圈为状态 S23 驱动的负载，Y6 线圈为状态 S23 驱动的负载；X2、X0、X5、X4、X3、T1 的触点分别为状态 S0、S20、S21、S22、S23、S24 的转移条件；S20、S21、S22、S23、S24 分别为 S0、S20、S21、S22、S23 的转移方向。

◎ **问题引导 8：根据图 3-3 所示，S0 与 S20 状态转移有什么区别？**

S0 为初始状态，用双线框表示；其他状态为普通状态，用单线框表示；垂直线段中间的短横线表示转移的条件（例如，X0 动合触点为 S0 到 S20 的转移条件）。

◎ **问题引导 9：根据图 3-3 所示，为什么 X2 上面有一根短横线，状态方框右侧的水平横线及方框表示什么？**

如果在软元件的正上方加一短横线，则表示为常闭状态点；状态方框右侧的水平横线及方框表示该状态驱动的负载。

◎ **问题引导 10：根据图 3-3 所示，描述制作洗衣液控制装置的状态流程图的驱动过程。**

第 1 步：当 PLC 开始运行时，M8002 产生一初始脉冲使初始状态 S0 置 1，____线圈得电，工作指示灯亮，排放阀门 Y4 打开。

第 2 步：等底限位传感器 X2 断开后，当按下起动按钮 X0 时，状态转移到 S20，使 S20 置 1，同时 S0 在下一个扫描周期自动复位，S20 马上驱动____线圈，液体 A 阀门 Y3 打开，流入液体 A。

第 3 步：当液面到达下限位，转移条件 X5 闭合时，状态从 S20 转移到 S21，使 S21 置 1，同时驱动____线圈，液体 B 阀门 Y2 打开，流入液体 B，而 S20 则在下一个扫描周期自动复位，____线圈断电，阀门 Y1 关闭。

第 4 步：当液面到达中限位，转移条件 X4 闭合时，状态从 S21 转移到 S22，使 S22 置 1，同时驱动____线圈，液体 C 阀门 Y1 打开，流入液体 C，而 S21 则在下一个扫描周期自动复位，____线圈断电，阀门 Y2 关闭。

第 5 步：当液面到达上限位，转移条件 X3 闭合时，状态从 S22 转移到 S23，使 S23 置 1，同时驱动____线圈，进行搅拌和加热，而 S23 则在下一个扫描周期自动复位，____线圈断电，阀门 Y3 关闭。

第 6 步：当搅拌时间到时，转移条件 T1 闭合，状态转移到 S24，S24 置 1，____线圈得电，排放阀门 Y4 打开，当底限位传感器 X2 断开时，如果是第一次循环，停止按钮 X2 没按下，状态转移到 S20，而 S24 则在下一个扫描周期自动复位，____线圈断电，阀门 Y4 关闭，开始下一个循环。

第 7 步：在上述过程中，若按下____，则当循环完成时停止。

◎ **问题引导 11：根据图 3-3，说出状态流程图的特点是什么？**

状态流程图就是由状态、状态转移条件及转移方向构成的流程图，它将一个复杂的控制过程分解为若干个工作状态，弄清楚各个状态的工作细节，再依据总的控制顺序要求将这些状态连接起来，形成状态流程图。它具有如下特点。

1）可以将复杂的控制任务或控制过程分解成若干个状态。无论多么复杂的过程都能分解为若干个状态，有利于程序的结构化设计。

2）相对某一个具体的状态来说，控制任务变得简单，为局部程序的编写带来了方便。

3）整体程序是局部程序的综合，只要弄清楚各状态需要完成的动作、状态转移的条件和转移的方向，就可以进行状态流程图的设计。

4）状态流程图容易理解，可读性强，能清楚地反映整个控制的工艺过程。

◎ **问题引导 12：步进顺控编程有哪些注意事项？**

步进顺控编程注意事项如下。

1）下一条 STL 指令的出现意味着当前 STL 程序区的结束和新的 STL 程序区的开始，RET 指令意味着整个 STL 程序区的结束。每个 STL 触点驱动的电路一般放在一起，最后一个 STL 电路结束时（步进程序的最后）一定要使用 RET 指令，否则将出现"程序语法错误"信息，PLC 不能执行用户程序。

2）初始状态可由其他状态驱动，但运行开始时，必须用其他方法预先做好驱动，否则状态流程不可能向下进行。一般用控制系统的初始条件，若无初始条件，可用 M8002 或 M8000 进行驱动。

3）STL 触点可以直接驱动或通过别的触点来驱动 Y、M、S、T 等元件的线圈和应用指令。使用 OUT 指令时，若线圈需要在连续多个状态下驱动，则可在各个状态下分别驱动，也可以使用 SET 指令将其置位。当不需要驱动时，用 RST 指令将其复位。

4）由于 CPU 只执行活动（有电）状态对应的电路块，因此，使用 STL 指令时允许双线圈输出，即不同的 STL 触点可以驱动同一软元件的线圈，但是同一软元件的线圈不能在同时为活动状态的 STL 区内出现。在并行流程的状态流程图中，应特别注意这一问题。另外，状态软元件 S 在状态流程图中不能重复使用，否则会引起程序执行错误。

5）在活动状态的转移过程中，相邻两个状态的状态继电器会同时接通一个扫描周期，可能会引发瞬时的双线圈问题。

6）若为顺序不连续的转移（跳转），则不能使用 SET 指令进行状态转移，应改用 OUT 指令进行状态转移。

◎ **问题引导 13：制作洗衣液控制装置的停止可以用什么指令控制？**

采用区间复位指令 ZRST（FNC 40）控制制作洗衣液控制装置的停止。

在 ZRST 指令中，目标操作数[D1·]和[D2·]指定的元件应为同类软元件，使用说明如表 3-1 所示。应用例程如图 3-4 所示，当 PLC 运行时，M8002 初始脉冲执行 ZRST 指令，该指令复位清除 M500～M599，C235～C255，S0～S127 状态。

表 3-1　复位指令使用说明

指令名称	助记符功能号	功能	操作数适用元件
复位指令	FNC　40 ZRST　P	区间内全部元件复位	字软元件 K,H KnX KnY KnM KnS T C D V,Z (D1·)(D2·) 位软元件 X Y M S (D1·)(D2·) (D1·)编号≤(D2·)编号 指定同一种类的要素

```
        (D1·)(D2·)
M8002  FNC 40 | M500 | M599      整体复位位元件M500~M599。
┤├     ZRST
初始化         (D1·)(D2·)
脉冲    FNC 40 | C235 | C255      整体复位字元件C235~C255（0的写入和触点的清除）
        ZRST
               (D1·)(D2·)
        FNC 40 | S0  | S127       整体复位状态S0~S127
        ZRST
```

图 3-4　复位指令举例

◎ **问题引导 14：ZRST 指令使用有哪些注意事项？**

ZRST 指令使用注意事项如下。

1）ZRST 指令可将[D1]~[D2]指定的元件号范围内的同类元件成批复位，常用于区间初始化。

2）操作数[D1]、[D2]必须指定相同类型的元件，[D1]的元件编号必须大于[D2]的元件编号。若[D1·]的元件编号大于[D2·]的元件编号，则只有[D1·]指定的元件被复位。

3）此功能指令只有 16 位形式，但可以指定 32 位计数器。

4）若要复位单个元件，可以使用 RST 指令；在指令后加"P"表示指令为脉冲执行型。

任务实施

一、系统设计

1）列出制作洗衣液控制装置的 I/O 分配表（表 3-2）。

表 3-2　I/O 分配表

输入		输出	
起动按钮		工作指示灯	
停止按钮		液体 C 阀门 Y1	

续表

输入		输出	
上限位开关		液体 B 阀门 Y2	
下限位开关		液体 A 阀门 Y3	
中限位开关		混料阀 Y4	
底限位开关		液体加热指示	
		运转电动机	

2）绘制制作洗衣液控制装置 PLC 外部接线图。

3）编写制作洗衣液控制装置控制程序（图 3-5）。

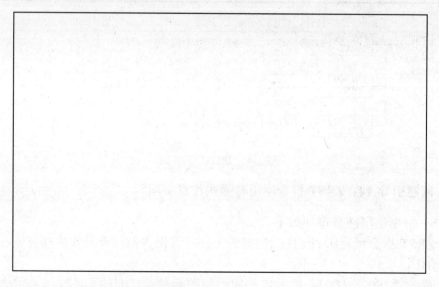

图 3-5　洗衣液控制装置控制程序

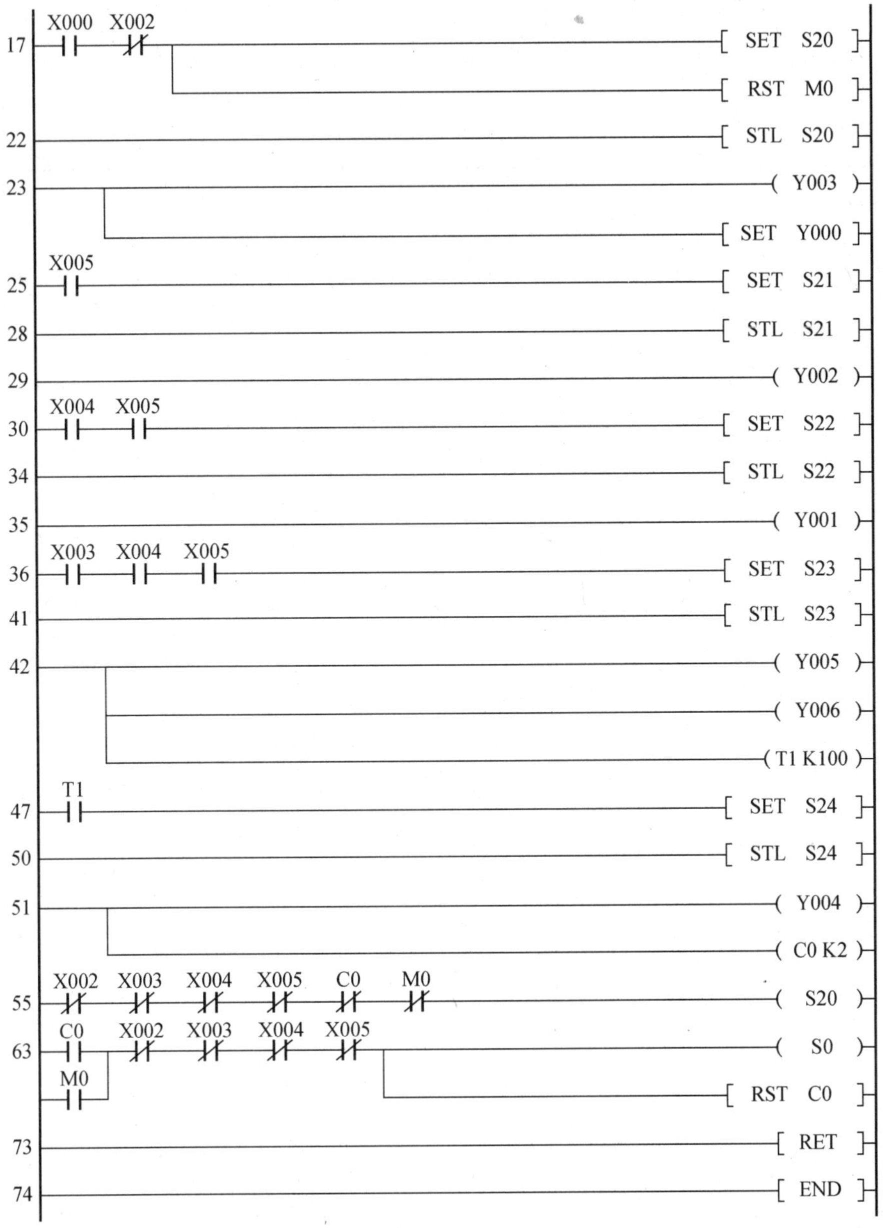

```
17   X000  X002                            [ SET  S20 ]
     ┤├───┤/├──────────────────────────────[ RST  M0  ]

22                                          [ STL  S20 ]
23                                          ─( Y003 )
                                            [ SET  Y000 ]
25   X005                                   [ SET  S21 ]
     ┤├
28                                          [ STL  S21 ]
29                                          ─( Y002 )
30   X004  X005                             [ SET  S22 ]
     ┤├───┤├
34                                          [ STL  S22 ]
35                                          ─( Y001 )
36   X003  X004  X005                       [ SET  S23 ]
     ┤├───┤├───┤├
41                                          [ STL  S23 ]
42                                          ─( Y005 )
                                            ─( Y006 )
                                            ─( T1 K100 )
47   T1                                     [ SET  S24 ]
     ┤├
50                                          [ STL  S24 ]
51                                          ─( Y004 )
                                            ─( C0 K2 )
55   X002 X003 X004 X005  C0   M0           ─( S20 )
     ┤/├─┤/├─┤/├─┤/├─┤/├─┤/├
63   C0   X002 X003 X004 X005               ─( S0 )
     ┤├──┤/├─┤/├─┤/├─┤/├
     M0                                     [ RST  C0 ]
     ┤├
73                                          [ RET ]
74                                          [ END ]
```

图 3-5（续）

二、有关设备与工具准备

1）填写设备清单（表 3-3）。

表 3-3　设备清单

序号	名称	数量	型号规格	单位	借出时间	借用人签名	归还时间	归还人签名	管理员签名	备注
1										
2										
3										
4										
5										
6										
7										
8										
9										
10										

2）填写工具清单（表 3-4）。

表 3-4　工具清单

序号	名称	型号规格	单位	申领数量	实发数量	归还时间	归还人签名	管理员签名	备注

三、接线与调试、运行

1）选好元器件，按设计的接线原理图进行安装接线。

2）输入程序，并调试、运行。

特别提示：工作时，出现事故应立即切断电源并报告指导老师。

3）填写制作洗衣液控制装置控制任务实施记录（表 3-5）。

表 3-5　制作洗衣液控制装置控制任务实施记录表

任务名称			制作洗衣液控制装置的控制				
班级		姓名		组别		日期	
学生过程记录							完成情况
元器件选择正确							
电路连接正确							
I/O 分配表填写正确							
PLC 接线图绘制正确							
程序编写正确							
调试记录：小组派代表展示调试效果，接受全体同学的检查，测试控制要求的实现情况，记录过程							
操作步骤	操作内容		观察内容			观察结果	
1	将 RUN/STOP 开关拨到 RUN 位置						
2	底限位传感器 X2 断开						
3	按下起动按钮 X0						
4	拨动下限位开关 X5		电磁阀 Y1、Y2、Y3、Y4，搅拌电动机 Y6，加热器 Y5				
5	拨动中限位开关 X4						
6	拨动上限位开关 X3						
7	等待 6s						
8	底限位传感器 X2 断开						
9	重复操作 4～8 步						
10	按下停止按钮 X1						

评价反馈

填写制作洗衣液控制装置控制评价表（表 3-6）。

表 3-6　制作洗衣液控制装置控制评价表

项目内容	配分	评分标准	评分			
			互检		专检	
			扣分	得分	扣分	得分
电路设计	20 分	1）I/O 地址遗漏或错误，每处扣 1 分，最多扣 5 分 2）梯形图表达不正确或画法不规范，每处扣 1 分，最多扣 5 分 3）接线图表达不正确或画法不规范，每处扣 1 分，最多扣 5 分 4）指令有错，每条扣 1 分，最多扣 5 分				
安装接线	30 分	1）接线不紧固、不美观，每根扣 2 分，最多扣 10 分 2）接点松动、遗漏，每处扣 0.5 分，最多扣 5 分 3）损伤导线绝缘或线芯，每根扣 0.5 分，最多扣 5 分 4）不按 PLC 控制 I/O 接线图接线，每处扣 2 分，最多扣 10 分				

续表

项目内容	配分	评分标准	评分			
			互检		专检	
			扣分	得分	扣分	得分
程序输入与调试	40分	1）不会熟练操作计算机键盘输入指令，每处扣1分，最多扣5分 2）不会用删除、插入、修改指令，每项扣1分，最多扣5分 3）1次试车不成功扣8分，2次试车不成功扣15分，3次试车不成功扣30分				
安全文明生产	10分	1）违反操作规程，产生不安全因素，酌情扣5～7分 2）未按管理要求对实训室进行整理与清扫，酌情扣1～3分				
学习心得	根据学习过程谈谈自己的学习感受，如学习收获、遇到的困难、努力方向					

综合评定：

互检得分：　　　　专检得分：　　　　综合得分：

说明：综合得分＝0.3×互检＋0.7×专检

填写制作洗衣液控制装置控制学习任务评价表（表3-7）。

表3-7　制作洗衣液控制装置学习任务评价表

评价指标	评价等级			
	A	B	C	D
出勤情况				
工作页填写				
实施记录表填写				
工具的摆放				
清洁卫生				

总体评价（学习进步方面、今后努力方向）：

教师签名：　　　　　　　　　　　　　　　　　　　年　　月　　日

巩 固 练 习

1. FX 系列 PLC 的状态初始元件是（　　）。
   A. S0　　　　　　　　　　B. S10
   C. S19　　　　　　　　　　D. S20

2. FX 系列 PLC 的 STL 指令只对（　　）继电器有效。
   A. T　　　　　　　　　　　B. S
   C. M　　　　　　　　　　　D. C

3. FX 系列 PLC，在顺控编程中根本不能使用的指令是（　　）。
   A. 触点指令　　　　　　　　B. 线圈指令
   C. 连接指令　　　　　　　　D. MC/MCR

4. FX 系列 PLC 中属于顺控指令的是（　　）。
   A. PLS　　　　　　　　　　B. PLF
   C. STL　　　　　　　　　　D. RST

5. 在 STL 指令的最后若没有编写（　　）指令，则导致程序出错，PLC 不能运行。
   A. PLS　　　　　　　　　　B. RET
   C. STL　　　　　　　　　　D. RST

6. FX 系列 PLC 应用顺控指令编程在转移处理时，不能使用的指令是（　　）。
   A. 触点指令　　　　　　　　B. 线圈指令
   C. 连接指令　　　　　　　　D. STL/RET

7. 顺控指令一般从（　　）开始使用。
   A. S0　　　　　　　　　　B. S10
   C. S19　　　　　　　　　　D. S20

8. 对于复杂的 PLC 梯形图设计，一般采用（　　）。
   A. 经验法　　　　　　　　　B. 顺序控制设计法
   C. 子程序　　　　　　　　　D. 中断程序

9. FX 系列 PLC 的初始脉冲是（　　）。
   A. M8000　　　　　　　　　B. M8002
   C. M8020　　　　　　　　　D. M8030

10. FX 系列 PLC 中属于顺控指令的是（　　）。
    A. PLS　　　　　　　　　　B. PLF
    C. RET　　　　　　　　　　D. RST

参考答案

1. A　2. B　3. D　4. C　5. B　6. D　7. D　8. B　9. B　10. C

任务七　快递物件分拣系统的控制

任务描述

　　快递公司每天要处理很多邮件，他们把收回来的邮件进行分类，现需一套分拣系统，控制要求如下。

　　邮件分拣系统简图如图 3-6 所示，传送带每次送入一件邮件，要求送往不同地址（假设北京、上海、杭州、武汉 4 地）。邮件首先进行自动识别，然后把不同地址的邮件和不能识别的邮件分别推送到不同的储物箱内，完成分拣后再送入下一件邮件。

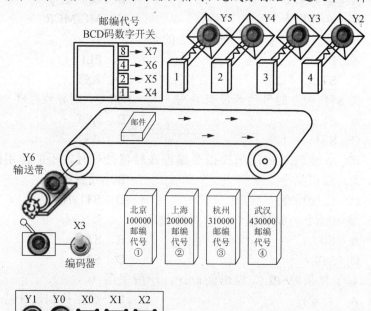

课件：快递物件
分拣系统的控制

图 3-6　邮件分拣系统简图

学习目标

1）能叙述选择性流程的结构特点。

2）能使用步进指令设计选择性流程控制。

3）根据控制要求，利用选择性流程完成快递物件分拣系统的控制的程序设计和运行调试。

任务结构

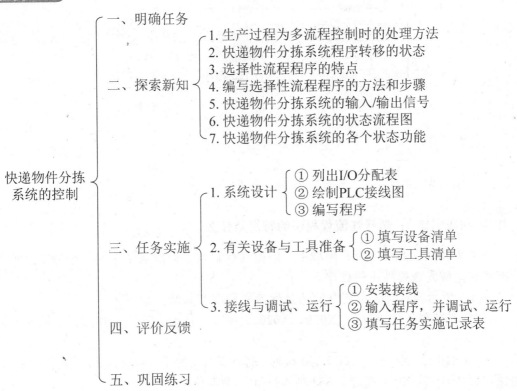

探索新知

◎ **问题引导 1：当生产过程不是单流程控制，而是较复杂的多流程控制时，需要怎样处理？**

任务六介绍的是单流程顺序控制的状态流程图。在较复杂的顺序控制中，一般都是多流程控制，常见的有选择性流程和并行性流程，本任务介绍选择性流程。

◎ **问题引导 2：如图 3-7 所示，根据不同的转移条件说出程序转移的状态。**

1）当 X000 闭合时，转移到的状态是＿＿＿＿＿＿＿＿＿＿＿＿＿＿＿＿＿＿＿＿＿；

2）当 X010 闭合时，转移到的状态是＿＿＿＿＿＿＿＿＿＿＿＿＿＿＿＿＿＿＿＿＿；

3）当 X020 闭合时，转移到的状态是＿＿＿＿＿＿＿＿＿＿＿＿＿＿＿＿＿＿＿＿＿。

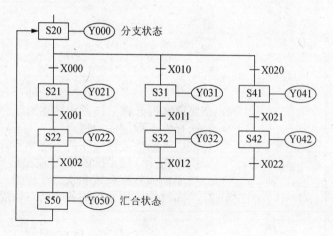

图 3-7　选择性流程结构图

◎ **问题引导 3：选择性流程程序的特点是什么？**

由两个及以上的分支流程组成的，但根据控制要求只能从中选择一个分支流程执行的程序，称为选择性流程程序。

图 3-7 所示为具有 3 个支路的选择性流程程序，其特点如下。

1）分支转移条件 X000、X010、X020 不能同时接通，哪个先接通，就执行哪条分支。

2）当 S20 已动作时，一旦 X000 接通，程序就向 S21 转移，则 S20 就复位。因此，即使以后 X010 或 X020 接通，S31 或 S41 也不会动作。

3）汇合状态 S50 可由 S22、S32、S42 中任意一个驱动。

◎ **问题引导 4：根据快递物件分拣系统的控制要求，说出编写选择性流程程序的方法和步骤。**

1）将整个控制过程按任务要求分解成若干个工序，其中的每一个工序对应一个状态（步），并分配状态继电器。

2）弄清楚每个状态的功能。状态的功能是通过状态元件驱动各种负载来完成的，负载可由状态元件直接驱动，也可由其他软触点的逻辑组合驱动。

下面以快递物件分拣系统为例，说明编写 PLC 选择性流程程序的方法和步骤。

快递物件分拣系统的状态继电器分配如下：传送带起动→S20，选择邮件位→S21，北京邮件到位推出→S22，上海邮件到位推出→S23，杭州邮件到位推出→S24，武汉邮件到位推出→S25。

◎ 问题引导 5：根据快递物件分拣系统的控制要求，分析系统的输入/输出信号。

输入信号：＿＿＿＿＿＿＿＿＿＿＿＿＿＿＿＿＿＿＿＿＿＿＿＿＿＿＿＿。

输出信号：＿＿＿＿＿＿＿＿＿＿＿＿＿＿＿＿＿＿＿＿＿＿＿＿＿＿＿＿。

◎ 问题引导 6：根据快递物件分拣系统的控制要求，绘制快递物件分拣系统的状态流程图（图 3-8）。

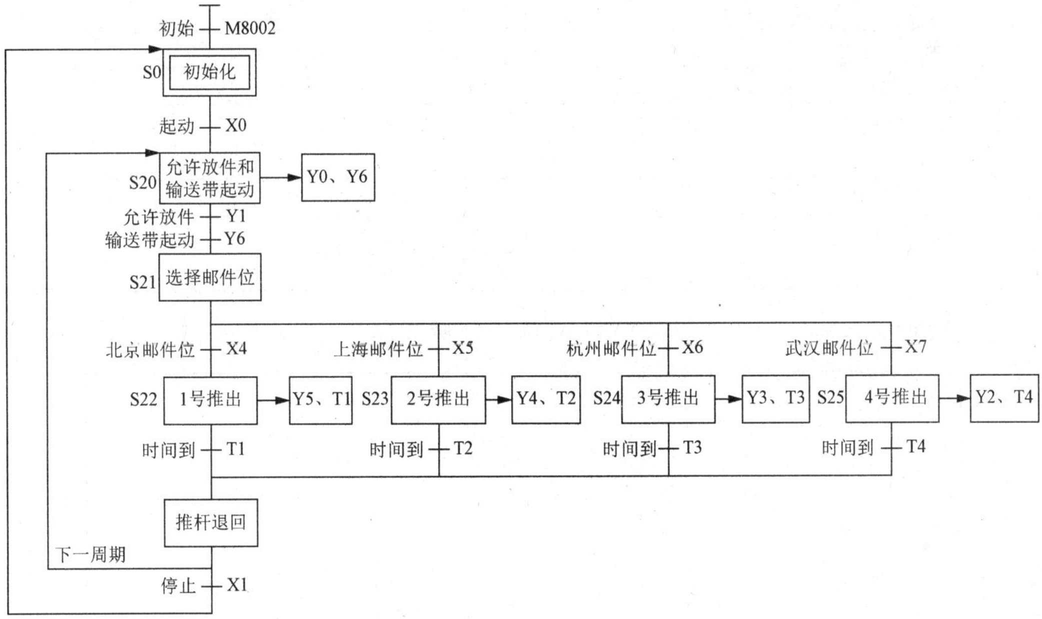

图 3-8　快递物件分拣系统流程图

◎ 问题引导 7：根据图 3-8，写出快递物件分拣系统的各个状态功能。

S0：＿＿＿＿＿＿＿＿＿＿＿＿＿＿＿＿＿＿＿＿＿＿＿＿＿＿＿＿＿＿＿＿＿。

S20：＿＿＿＿＿＿＿＿＿＿＿＿＿＿＿＿＿＿＿＿＿＿＿＿＿＿＿＿＿＿＿＿。

S21：＿＿＿＿＿＿＿＿＿＿＿＿＿＿＿＿＿＿＿＿＿＿＿＿＿＿＿＿＿＿＿＿。

S22：＿＿＿＿＿＿＿＿＿＿＿＿＿＿＿＿＿＿＿＿＿＿＿＿＿＿＿＿＿＿＿＿。

S23：＿＿＿＿＿＿＿＿＿＿＿＿＿＿＿＿＿＿＿＿＿＿＿＿＿＿＿＿＿＿＿＿。

S24：＿＿＿＿＿＿＿＿＿＿＿＿＿＿＿＿＿＿＿＿＿＿＿＿＿＿＿＿＿＿＿＿。

S25：＿＿＿＿＿＿＿＿＿＿＿＿＿＿＿＿＿＿＿＿＿＿＿＿＿＿＿＿＿＿＿＿。

任务实施

一、系统设计

1）列出快递物件分拣系统控制的 I/O 分配表（表 3-8）。

表 3-8　I/O 分配表

输入		输出	
起动按钮		绿灯（允许放件）	
停止按钮		红灯（禁止放件）	
北京邮件识别器		1 号推杆	
上海邮件识别器		2 号推杆	
杭州邮件识别器		3 号推杆	
武汉邮件识别器		4 号推杆	
		输送带	

2）绘制快递物件分拣系统的控制 PLC 外部接线图。

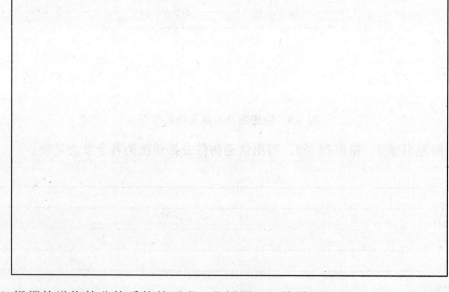

3）根据快递物件分拣系统的要求，分析图 3-9 的梯形图程序，补充完整快递物件分拣系统的控制程序。

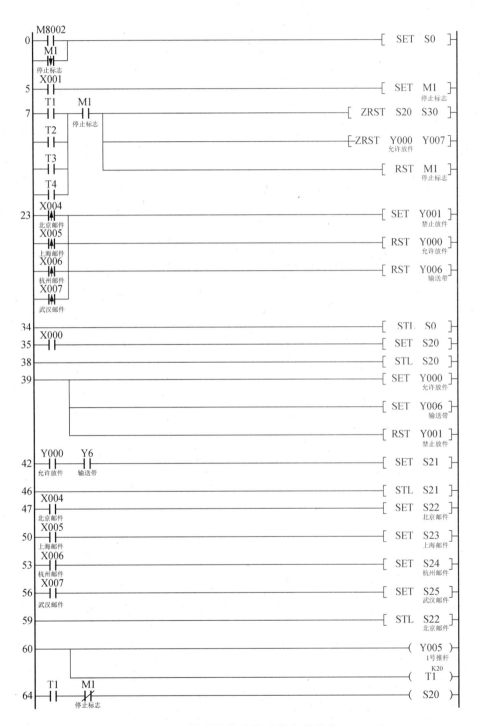

图 3-9 快递物件分拣系统参考程序

图 3-9（续）

二、有关设备与工具准备

1）填写设备清单（表 3-9）。

表 3-9　设备清单

序号	名称	数量	型号规格	单位	借出时间	借用人签名	归还时间	归还人签名	管理员签名	备注
1										
2										
3										
4										
5										
6										
7										
8										
9										
10										

2）填写工具清单（表 3-10）。

表 3-10　工具清单

序号	名称	型号规格	单位	申领数量	实发数量	归还时间	归还人签名	管理员签名	备注

三、接线与调试、运行

1）选好元器件，按设计的接线原理图进行安装接线。

2）输入程序，并调试、运行。

特别提示：工作时，出现事故应立即切断电源并报告指导老师。

3）填写快递物件分拣系统控制任务实施记录表（表 3-11）。

表 3-11　快递物件分拣系统控制任务实施记录表

任务名称			快递物件分拣系统的控制				
班级		姓名		组别		日期	
学生过程记录						完成情况	
元器件选择正确							
电路连接正确							
I/O 分配表填写正确							
PLC 接线图绘制正确							
程序编写正确							
调试记录：小组派代表展示调试效果，接受全体同学的检查，测试控制要求的实现情况，记录过程							
操作步骤	操作内容		观察内容		观察结果		
1	按下起动按钮 X0						
2	放置北京邮件						
3	放置上海邮件		输送带，推杆1、推杆2、推杆3、推杆4动作				
4	放置杭州邮件						
5	放置武汉邮件						
6	按下停止按钮 X1						

评价反馈

填写快递物件分拣系统控制评价表（表 3-12）。

表 3-12　快递物件分拣系统控制评价表

项目内容	配分	评分标准	评分			
			互检		专检	
			扣分	得分	扣分	得分
电路设计	20分	1）I/O 地址遗漏或错误，每处扣 1 分，最多扣 5 分 2）梯形图表达不正确或画法不规范，每处扣 1 分，最多扣 5 分 3）接线图表达不正确或画法不规范，每处扣 1 分，最多扣 5 分 4）指令有错，每条扣 1 分，最多扣 5 分				
安装接线	30分	1）接线不紧固、不美观，每根扣 2 分，最多扣 10 分 2）接点松动、遗漏，每处扣 0.5 分，最多扣 5 分 3）损伤导线绝缘或线芯，每根扣 0.5 分，最多扣 5 分 4）不按 PLC 控制 I/O 接线图接线，每处扣 2 分，最多扣 10 分				

项目内容	配分	评分标准	评分			
			互检		专检	
			扣分	得分	扣分	得分
程序输入与调试	40分	1）不会熟练操作计算机键盘输入指令，每处扣1分，最多扣5分 2）不会用删除、插入、修改指令，每项扣1分，最多扣5分 3）1次试车不成功扣8分，2次试车不成功扣15分，3次试车不成功扣30分				
安全文明生产	10分	1）违反操作规程，产生不安全因素，酌情扣5～7分 2）未按管理要求对实训室进行整理与清扫，酌情扣1～3分				
学习心得	根据学习过程谈谈自己的学习感受，如学习收获、遇到的困难、努力方向					

综合评定：

互检得分：　　　　专检得分：　　　　　综合得分：

说明：综合得分＝0.3×互检＋0.7×专检

填写快递物件分拣系统控制学习任务评价表（表3-13）。

表3-13　快递物件分拣系统控制学习任务评价表

评价指标	评价等级			
	A	B	C	D
出勤情况				
工作页填写				
实施记录表填写				
工具的摆放				
清洁卫生				

总体评价（学习进步方面、今后努力方向）：

教师签名：　　　年　　月　　日

巩 固 练 习

1. 选择序列的开始称为（   ）。

   A．分支　　　　　　　　　　B．支路

   C．合并　　　　　　　　　　D．转换

2. 选择序列的开始为分支，转换符号标在（   ）。

   A．水平连线之下　　　　　　B．水平连线之上

   C．任何位置　　　　　　　　D．既可在上面也可在下面

3. 选择序列的结束称为（   ）。

   A．分支　　　　　　　　　　B．支路

   C．合并　　　　　　　　　　D．转换

4. 选择序列的结束为合并，转换符号标在（   ）。

   A．水平连线之下　　　　　　B．水平连线之上

   C．任何位置　　　　　　　　D．既可在上面也可在下面

5. 步进指令由 STL 和（   ）2 条指令组成。

   A．RST　　　　　　　　　　B．RET

   C．SET　　　　　　　　　　D．CMP

6. 下面（   ）指令允许双线圈输出。

   A．STL　　　　　　　　　　B．OUT

   C．SET　　　　　　　　　　D．MPS

7. STL 指令只能用于（   ）。

   A．S　　　　　　　　　　　B．M

   C．X　　　　　　　　　　　D．Y

8. 顺序控制功能图主要由步、有向连线、转换、转换条件、动作组成，使系统由当前步进入下一步的信号称为（   ）。

   A．有向连线　　　　　　　　B．转换

   C．转换条件　　　　　　　　D．动作

参考答案

1．A 2．A 3．C 4．B 5．B 6．C 7．A 8．C

任务八　智能交通系统的控制

　　现在城市的车辆剧增，道路的通行压力与日俱增，在人行路口，为了提高车辆的通行率，在没有行人过马路的时候，道路一直保持通行，当有人要过马路时车才停止，具体控制要求如下：当人行按钮 X0、X1 没有按下时，车道绿灯亮，人行道红灯亮。当按下 X0 或 X1 按钮时，车道绿灯继续亮 30s 后，黄灯亮 10s，然后红灯亮 30s；人行道绿灯在车道红灯亮 5s 后亮，绿灯亮 15s 后开始闪烁 5 次，然后转红灯，红灯亮 5s 后，车道绿灯亮，完成一个周期的动作。智能交通系统示意图如图 3-10 所示。

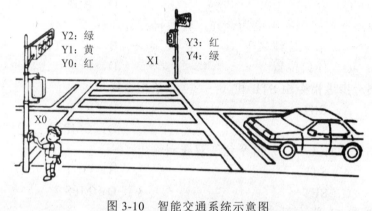

课件：智能交通
系统的控制

图 3-10　智能交通系统示意图

　　1）能叙述并行性流程的结构特点。

　　2）能使用步进指令设计并行性流程控制。

　　3）根据控制要求，利用并行性流程完成智能交通控制系统的程序设计和运行调试。

任务结构

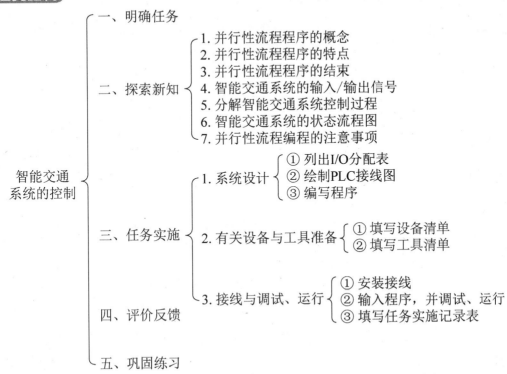

一、明确任务

二、探索新知
1. 并行性流程程序的概念
2. 并行性流程程序的特点
3. 并行性流程程序的结束
4. 智能交通系统的输入/输出信号
5. 分解智能交通系统控制过程
6. 智能交通系统的状态流程图
7. 并行性流程编程的注意事项

智能交通系统的控制

三、任务实施
1. 系统设计
① 列出I/O分配表
② 绘制PLC接线图
③ 编写程序

2. 有关设备与工具准备
① 填写设备清单
② 填写工具清单

3. 接线与调试、运行
① 安装接线
② 输入程序，并调试、运行
③ 填写任务实施记录表

四、评价反馈

五、巩固练习

探索新知

◎ 问题引导 1：什么是并行性流程程序？

任务七已介绍了多流程控制中的选择性流程，本任务介绍并行性流程。

由两个及以上的分支流程组成的，但必须同时执行各分支流程的程序称为并行性流程程序，如图 3-11 所示。

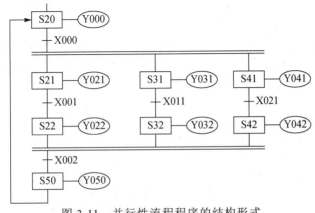

图 3-11　并行性流程程序的结构形式

◎ **问题引导 2：说出并行性流程程序的特点。**

图 3-11 所示是具有 3 个支路的并行性流程程序，其特点如下：若 S20 已动作，则只要分支转移条件 X000 成立，3 个流程（S21、S22，S31、S32，S41、S42）同时并列执行，没有先后之分。

◎ **问题引导 3：并行性流程程序如何结束？**

当各流程的动作全部结束时（先执行完的流程要等待全部流程动作完成），一旦 X002 为 ON，则汇合状态 S50 动作，S22、S32、S42 全部复位。若其中一个流程未执行完，则 S50 就不可能动作。另外，并行性流程程序在同一时间可能有两个及两个以上的状态处于"激活"状态。

◎ **问题引导 4：根据智能交通系统的控制要求，分析系统输入/输出信号，并画出控制时序图。**

输入信号：_____。
输出信号：_____。

◎ **问题引导 5：根据智能交通系统的控制要求，分解本任务的控制过程，说出控制步骤。**

本任务的控制过程和步骤如下。

1）初始状态 S0 动作，车道、人行道红灯亮。

2）按下人行道按钮 X0 或 X1 后，则状态转移到 S21 和 S30，车道绿灯亮，人行道仍是红灯亮。

3）30s 后状态转移到 S22，车道为黄灯，人行道仍为红灯。

4）10s 后状态转移到 S23，车道为红灯，人行道仍为红灯；同时开始计时 5s，5s 后状态转移到 S31，人行道绿灯亮。

5）15s 后状态转移到 S32，人行道绿灯开始闪烁（在 S32 与 S33 之间循环，S32 绿灯灭，S33 绿灯亮）。

6）循环 5 次后，红灯亮，亮 5s 后返回 S0 状态。

◎ **问题引导 6：根据智能交通系统的控制要求，绘制相应的状态流程图。**

人行横道指示灯状态流程图如图 3-12 所示。

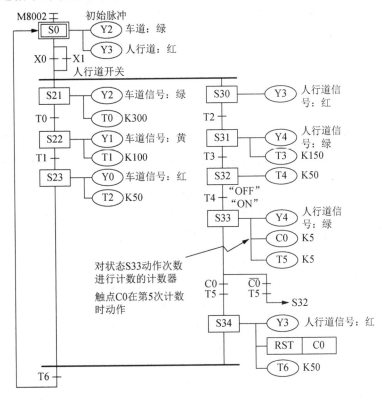

图 3-12 人行道指示灯状态流程图

◎ **问题引导 7：并行性流程编程时有哪些注意事项？**

1）并行性流程的汇合最多能实现 8 个流程的汇合。

2）在并行性分支、汇合流程中，不允许有图 3-13（a）所示的转移条件，必须将其转化为图 3-13（b）后，再进行编程。

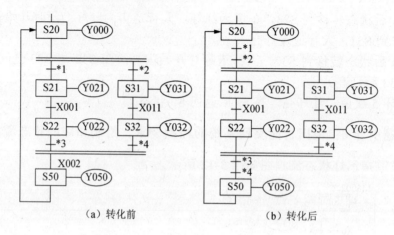

（a）转化前　　　　　　　　（b）转化后

图 3-13　并行性分支、汇合流程的转化

任务实施

一、系统设计

1）列出智能交通系统的 I/O 分配表（表 3-14）。

表 3-14　I/O 分配表

输入		输出	
SB1（人行道左侧按钮）		车道红灯	
SB2（人行道右侧按钮）		车道黄灯	
		车道绿灯	
		人行道红灯	
		人行道绿灯	

2）绘制智能交通系统的 PLC 外部接线图。

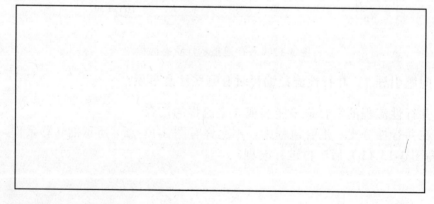

3）编写智能交通系统程序（图 3-14）。

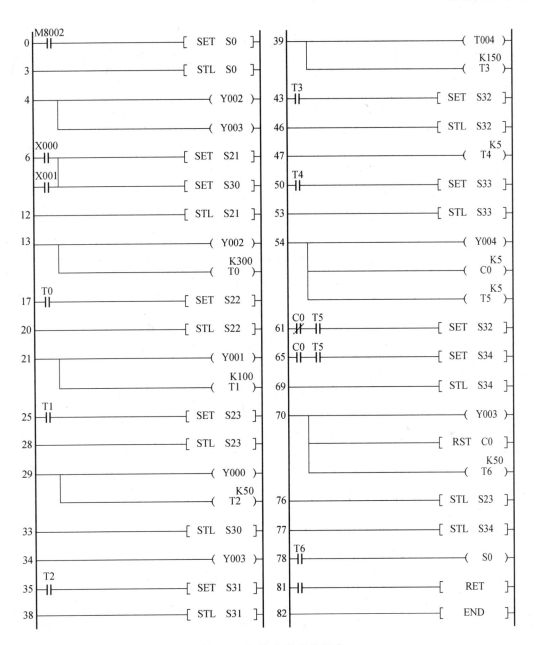

图 3-14 智能交通系统程序

二、有关设备与工具准备

1）填写设备清单（表 3-15）。

表 3-15　设备清单

序号	名称	数量	型号规格	单位	借出时间	借用人签名	归还时间	归还人签名	管理员签名	备注

2）填写工具清单（表 3-16）。

表 3-16　工具清单

序号	名称	型号规格	单位	申领数量	实发数量	归还时间	归还人签名	管理员签名	备注

三、接线与调试、运行

1）选好元器件，按设计的接线原理图进行安装接线。

2）输入程序，并调试、运行。

特别提示：工作时，出现事故应立即切断电源并报告指导老师。

3）填写智能交通系统控制任务实施记录表（表 3-17）。

表 3-17　智能交通系统控制任务实施记录表

任务名称	智能交通系统的控制						
班级		姓名		组别		日期	
学生过程记录							完成情况
元器件选择正确							
电路连接正确							
I/O 分配表填写正确							
PLC 接线图绘制正确							

续表

任务名称				智能交通系统的控制				
班级		姓名			组别		日期	
学生过程记录							完成情况	
程序编写正确								

调试记录：小组派代表展示调试效果，接受全体同学的检查，测试控制要求的实现情况，记录过程

操作步骤	操作内容	观察内容	观察结果
1	将"RUN/STOP"开关拨到"RUN"位置	① 人行道的红灯 Y3、绿灯 Y4 ② 交通灯的红灯 Y0、黄灯 Y1、绿灯 Y2	
2	按下人行道按钮 X0 或 X1		
3	30s 后		
4	10s 后		
5	5s 后		
6	15s 后		
7	5s 后		

评价反馈

填写智能交通系统控制评价表（表3-18）。

表 3-18 智能交通系统控制评价表

项目内容	配分	评分标准	评分			
			互检		专检	
			扣分	得分	扣分	得分
电路设计	20分	1）I/O 地址遗漏或错误，每处扣1分，最多扣5分 2）梯形图表达不正确或画法不规范，每处扣1分，最多扣5分 3）接线图表达不正确或画法不规范，每处扣1分，最多扣5分 4）指令有错，每条扣1分，最多扣5分				
安装接线	30分	1）接线不紧固、不美观，每根扣2分，最多扣10分 2）接点松动、遗漏，每处扣0.5分，最多扣5分 3）损伤导线绝缘或线芯，每根扣0.5分，最多扣5分 4）不按 PLC 控制 I/O 接线图接线，每处扣2分，最多扣10分				
程序输入与调试	40分	1）不会熟练操作计算机键盘输入指令，每处扣1分，最多扣5分 2）不会用删除、插入、修改指令，每项扣1分，最多扣5分 3）1次试车不成功扣8分，2次试车不成功扣15分，3次试车不成功扣30分				
安全文明生产	10分	1）违反操作规程，产生不安全因素，酌情扣5~7分 2）未按管理要求对实训室进行整理与清扫，酌情扣1~3分				

续表

项目内容	配分	评分标准	评分			
			互检		专检	
			扣分	得分	扣分	得分
学习心得		根据学习过程谈谈自己的学习感受，如学习收获、遇到的困难、努力方向				

综合评定：

互检得分： 专检得分： 综合得分：

说明：综合得分＝0.3×互检＋0.7×专检

填写智能交通系统控制学习任务评价表（表3-19）。

表3-19 智能交通系统控制学习任务评价表

评价指标	评价等级			
	A	B	C	D
出勤情况				
实施记录表填写				
工具的摆放				
清洁卫生				

总体评价（学习进步方面、今后努力方向）：

教师签名： 年 月 日

巩 固 练 习

1. 当转换的实现导致几个序列同时激活时，这些序列称为（ ）。

　　A．并行序列 　　　　　　　　B．选择序列

　　C．单序列 　　　　　　　　　D．重复序列

2. 并行序列的开始为分支，在表示同步的水平双线之上，只允许有（ ）个转换符号。

　　A．1 　　　　B．多 　　　　C．2 　　　　D．不确定

3．并行序列的结束为合并，在表示同步的水平双线之下，只允许有（　　）个转换符号。

    A．1　　　　　　　　B．多　　　　　　　　C．2　　　　　　　　D．不确定

4．下面对步进指令的描述错误的是（　　）。

    A．在步进程序中，输出可以直接同左母线相连

    B．必须前一步指令执行完，后一步指令才能执行

    C．下一个步进过程开始，同时也清除上一个步进过程

    D．步进程序区结束应该有 END 指令

5．最后一个步进过程必须用（　　）指令清除。

    A．END　　　　　　B．STL　　　　　　C．RET　　　　　　D．SET

6．步进控制不能实现的程序结构是（　　）。

    A．顺序控制结构　　　　　　　　　　B．并行分支结构

    C．多层管理结构　　　　　　　　　　D．选择分支结构

7．PLC 程序中的 END 指令的用途（　　）。

    A．程序结束，停止运行

    B．指令扫描到端点有故障

    C．程序扫描到终点将重新扫描

    D．A 和 B

参考答案

1．A　2．A　3．A　4．D　5．C　6．C　7．C

任务九　机械手夹放物料的控制

任务描述

    机械手将工件从 A 点搬运到 B 点，该系统设有手动、回原点、单步、单周期、连续运行 5 种工作方式，控制面板如图 3-15 所示。

    机械手在最上面（上限位）、最左面（左限位）且夹紧装置松开时，称为系统处于原点状态。

    手动工作方式：选择开关 X0 为 ON 时，操作控制面板上的按钮可以使机械手进行上下、左右、松紧动作。

    回原点工作方式：选择开关 X1 为 ON 时，按下起动按钮 X5，机械手按设定的流程自动回到原点处。

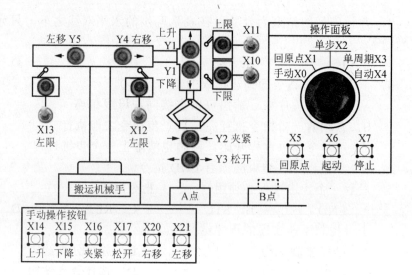

课件：机械手夹
放物料的控制

图 3-15 机械手控制面板

单步工作方式：选择开关 X2 为 ON 时，机械手从初始步开始，每按一下起动按钮 X6，机械手转换到下一步，完成该步的任务后，自动停止并停留在该步，再按一下起动按钮 X6，才往前走一步。

单周期工作方式：选择开关 X3 为 ON 时，按下起动按钮 X6，机械手从初始步开始，按设定的流程自动运行一个周期，然后自动停止。

自动运行工作方式：选择开关 X4 为 ON 时，按下起动按钮 X6，机械手从初始步开始，一个周期一个周期地反复连续工作。按下停止按钮 X7 后，并不马上停止工作，完成最后一个周期的工作后，系统才返回并停留在初始步。

机械手的动作顺序是先停留在原点位置，机械手下降，下降到位，夹工件，夹紧，开始上升，上升到位，右移，右移到位，开始下降，下降到位，放下工件，然后上升，上升到位，开始左移，左移到位，完成一个循环周期。

学习目标

1）能解释 IST 指令的功能，并能熟练运用该指令编程。

2）能使用 IST 指令设计程序。

3）根据控制要求，利用 IST 指令完成机械手夹放物料控制的程序设计和运行调试。

任务结构

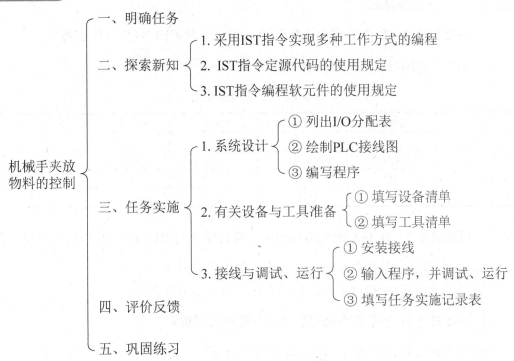

机械手夹放
物料的控制

一、明确任务

二、探索新知
1. 采用IST指令实现多种工作方式的编程
2. IST指令定源代码的使用规定
3. IST指令编程软元件的使用规定

三、任务实施
1. 系统设计
① 列出I/O分配表
② 绘制PLC接线图
③ 编写程序
2. 有关设备与工具准备
① 填写设备清单
② 填写工具清单
3. 接线与调试、运行
① 安装接线
② 输入程序，并调试、运行
③ 填写任务实施记录表

四、评价反馈

五、巩固练习

探索新知

◎ **问题引导 1：根据机械手夹放物料的控制要求，应采用什么指令实现多种工作方式的编程？**

采用 IST（FN60）指令实现多种工作方式的编程。

在实际生产中，很多工业设备要求设置多种工作方式，如手动和自动工作方式。自动工作方式又细分为连续、单周期、单步和自动返回初始状态等工作方式。如何实现多种工作方式，并将它们融合到一个程序中，是梯形图设计的难点之一。在 FX 系列 PLC 中，有一条方便指令 IST（FN60）专门用来设置具有多种工作方式的控制系统（图 3-16）。它和 STL 指令一起使用，设置有关的特殊辅助继电器的状态，可以简化复杂的顺序控制程序的设计工作。

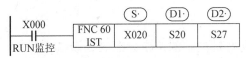

图 3-16　IST 指令

IST 指令是一个应用指令宏，使用时对 PLC 外部电路的连接和内部软元件都有一定的要求，必须按要求进行。

◎ **问题引导 2：在 IST 指令的使用中，指定源代码[S·]有什么使用规定？**

指定源代码[S·]的使用规定如表 3-20 所示。

表 3-20　[S·]的使用规定

源址	应用例	规定开关功能	源址	应用例	规定开关功能
S	X20	手动	S+4	X24	自动
S+1	X21	原点回归	S+5	X25	原点回归起动
S+2	X22	单步	S+6	X26	起动
S+3	X23	单周期	S+7	X27	停止

◎ **问题引导 3：在 IST 指令的使用中，指定源代码[D1·] [D2·]有什么使用规定？**

指定源代码[D1·]是指自动操作模式中，实用状态的最小序号。
指定源代码[D2·]是指自动操作模式中，实用状态的最大序号。

◎ **问题引导 4：IST 指令编程软元件有哪些使用规定？**

IST 指令编程软元件使用规定如表 3-21 所示。

表 3-21　IST 指令编程元件使用规定

状态元件		特殊继电器		
编号	指定功能	编号	指定功能	备注
S0	手动方式初始状态元件	M8040	状态转移禁止	
S1	原点回归方式初始状态元件	M8041	自动方式开始状态转移	IST 指令自动控制
S2	自动方式初始状态元件	M8042	起动脉冲	
S3~S9	其他流程初始化元件	M8043	原点回归方式结束	
S10~S19	原点回归方式专用状态元件	M8044	原点标志	用户程序驱动
S20~S899	自动方式及其他流程用状态元件	M8045	禁止所有输出复位	
		M8047	STL 监控有效	IST 指令自动控制

任务实施

一、系统设计

1）列出机械手夹放物料控制的 I/O 分配表（表 3-22）。

表 3-22 I/O 分配表

输入		输出	
手动开关		上升	
回原点开关		下降	
单步开关		夹紧	
单周期开关		松开	
自动开关		右移	
回原点开关		左移	
起动按钮			
停止按钮			
下限位			
上限位			
右限位			
左限位			
上升按钮			
下降按钮			
夹紧按钮			
松开按钮			
右移按钮			
左移按钮			

2）绘制机械手夹放物料控制的 PLC 外部接线图。

3）编写机械手夹放物料控制程序。

① 公共程序如图 3-17 所示。

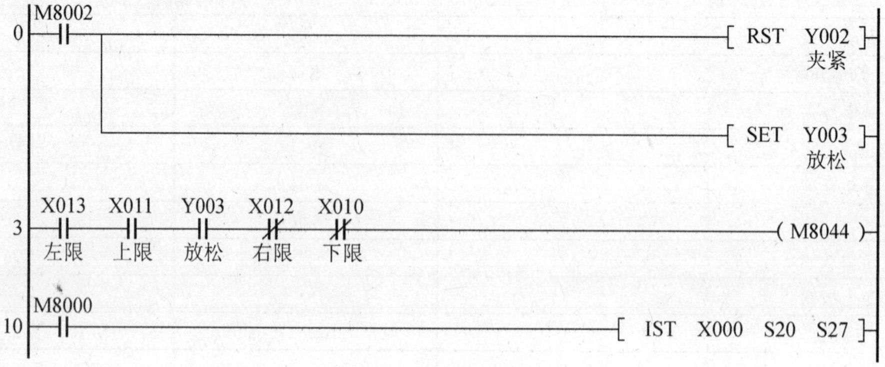

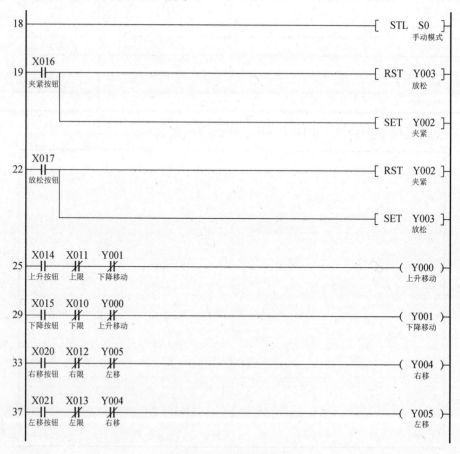

图 3-17　公共程序

② 手动模式程序如图 3-18 所示。

图 3-18　手动模式程序

③ 原点模式程序如图 3-19 所示。

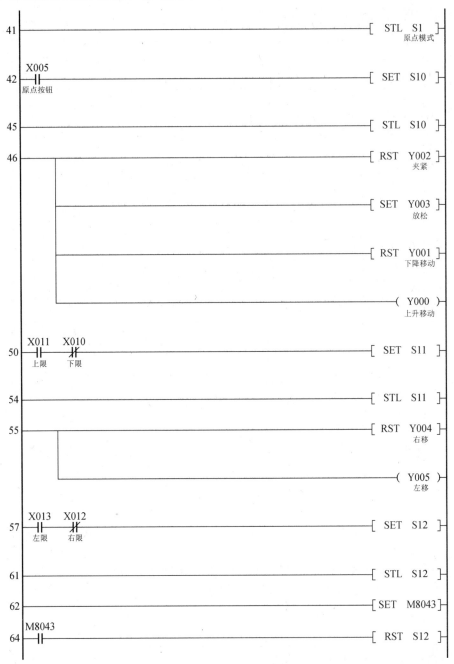

图 3-19　原点模式程序

④ 自动模式程序如图 3-20 所示。

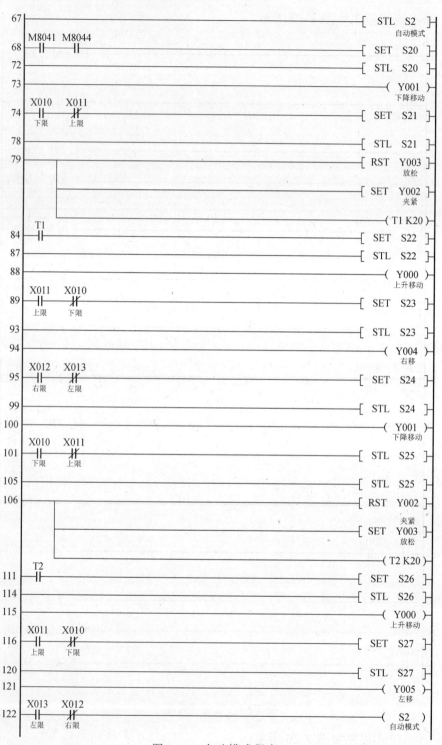

图 3-20　自动模式程序

二、有关设备与工具准备

1）填写设备清单（表 3-23）。

表 3-23　设备清单

序号	名称	数量	型号规格	单位	借出时间	借用人签名	归还时间	归还人签名	管理员签名	备注
1	安装板									
2	PLC									
3	导轨									
4	断路器									
5	熔断器									
6	交流接触器									
7	三相异步电动机									
8	按钮									
9	导线									

2）填写工具清单（表 3-24）。

表 3-24　工具清单

序号	名称	型号规格	单位	申领数量	实发数量	归还时间	归还人签名	管理员签名	备注

三、接线与调试、运行

1）选好元器件，按设计的接线原理图进行安装接线。

2）输入程序，并调试、运行。

特别提示：工作时，出现事故应立即切断电源并报告指导老师。

3）填写机械手夹放物料控制任务实施记录表（表 3-25）。

表 3-25 机械手夹放物料控制任务实施记录表

任务名称					机械手夹放物料的控制			
班级		姓名		组别			日期	
学生过程记录								完成情况
元器件选择正确								
电路连接正确								
I/O 分配表填写正确								
PLC 接线图绘制正确								
程序编写正确								

调试记录：小组派代表展示调试效果，接受全体同学的检查，测试控制要求的实现情况，记录过程

操作步骤	操作内容		观察内容	观察结果
1	选择手动开关	按下上升按钮 X14	机械手上升 Y0、下降 Y1、夹紧 Y2、松开 Y3、右移 Y4、左移 Y5	
2		按下下降按钮 X15		
3		按下夹紧按钮 X16		
4		按下松开按钮 X17		
5		按下右移按钮 X20		
6		按下左移按钮 X21		
7	1）选择回原点开关 2）按下回原点按钮			
8	1）选择单步开关 2）按下起动按钮			
9	1）选择单周期开关 2）按下起动按钮			
10	1）选择自动开关 2）按下起动按钮			
11	按下停止按钮			

评价反馈

填写机械手夹放物料控制评价表（表 3-26）。

表 3-26 机械手夹放物料控制评价表

项目内容	配分	评分标准	评分			
			互检		专检	
			扣分	得分	扣分	得分
电路设计	20 分	1）I/O 地址遗漏或错误，每处扣 1 分，最多扣 5 分 2）梯形图表达不正确或画法不规范，每处扣 1 分，最多扣 5 分 3）接线图表达不正确或画法不规范，每处扣 1 分，最多扣 5 分 4）指令有错，每条扣 1 分，最多扣 5 分				

续表

项目内容	配分	评分标准	评分			
			互检		专检	
			扣分	得分	扣分	得分
安装接线	30 分	1）接线不紧固、不美观，每根扣 2 分，最多扣 10 分 2）接点松动、遗漏，每处扣 0.5 分，最多扣 5 分 3）损伤导线绝缘或线芯，每根扣 0.5 分，最多扣 5 分 4）不按 PLC 控制 I/O 接线图接线，每处扣 2 分，最多扣 10 分				
程序输入与调试	40 分	1）不会熟练操作计算机键盘输入指令，每处扣 1 分，最多扣 5 分 2）不会用删除、插入、修改指令，每项扣 1 分，最多扣 5 分 3）1 次试车不成功扣 8 分，2 次试车不成功扣 15 分，3 次试车不成功扣 30 分				
安全文明生产	10 分	1）违反操作规程，产生不安全因素，酌情扣 5～7 分 2）未按管理要求对实训室进行整理与清扫，酌情扣 1～3 分				
学习心得	根据学习过程谈谈自己的学习感受，如学习收获、遇到的困难、努力方向					

综合评定：

互检得分：　　　　专检得分：　　　　综合得分：

说明：综合得分＝0.3×互检＋07:×专检

填写机械手夹放物料控制学习任务评价表（表 3-27）。

表 3-27　机械手夹放物料控制学习任务评价表

评价指标	评价等级			
	A	B	C	D
出勤情况				
实施记录表填写				
工具的摆放				
清洁卫生				

总体评价（学习进步方面、今后努力方向）：

教师签名：　　　　　年　　月　　日

巩固练习

1．M8040 特殊辅助继电器的作用是（　　）。
　　A．禁止输入　　　　　　　　　　B．禁止状态转移
　　C．禁止回原点　　　　　　　　　D．禁止输出

2．当（　　）接通时，即使状态转移条件有效，状态也不能转移。
　　A．M8033　　　　B．M8034　　　　C．M8040　　　　D．M8041

3．一条并行分支或选择性分支的回路数限定为（　　）条以下。
　　A．6　　　　　　B．8　　　　　　C．10　　　　　D．12

4．在特殊辅助继电器（　　）为接通状态时，顺控程序继续运算，但是输出继电器 Y 都处于断开状态。
　　A．M8033　　　　B．M8034　　　　C．M8040　　　　D．M8041

5．任一状态接通时，（　　）自动接通，用于避免与其他流程同时起动或用作工序的动作标志。
　　A．M8041　　　　B．M8034　　　　C．M8040　　　　D．M8046

6．STL 监视有效的指令是（　　）。
　　A．M8041　　　　B．M8034　　　　C．M8047　　　　D．M8046

7．在顺序功能图中可以有（　　）序列。
　　A．重复、跳步
　　B．重复、跳步、循环、单序列、并行、选择
　　C．跳步、循环
　　D．重复、跳步、循环、单序列

参考答案
1．B　2．C　3．B　4．B　5．D　6．C　7．B

拓展知识

状态流程图（SFC）编程方法

使用 GX Developer 软件编写状态流程图（SFC）步骤如下，以任务八图 3-12 的状态流程图为例。

1）新建工程文件：打开 GX Developer 软件，选择"工程"→"创建新工程"命令，打开"创建新工程"对话框，如图 3-21 所示。

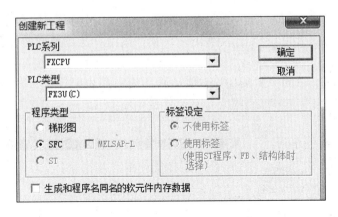

图 3-21 "创建新工程"对话框

2）选择相应的 PLC 系列、PLC 类型和程序类型，单击"确定"按钮，进入图 3-22 所示界面。

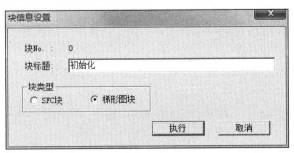

图 3-22 模块列表界面

3）双击列表中"块标题"列第一行空白位置，打开图 3-23 所示对话框，单击"执行"按钮，建立"初始化"梯形图模块。

图 3-23 "块信息设置"对话框

4）进入梯形图模块后，首先输入图 3-24 所示程序。

图 3-24 初始化模块程序

PLC 加电后，马上触发状态继电器 S0 得电，此条程序语句必须要有。需要注意的是，梯形图模块中的程序语句是全局作用的，内含的控制程序在运行过程中的任何时候都能起作用。因此，可以把急停开关、停止按钮、运行模式等全程控制的单元放于梯形图模块中。

5）双击图 3-25 中的"MAIN"选项，回到模块列表。

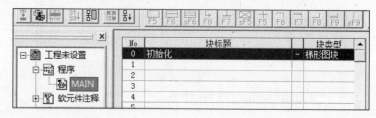

图 3-25　工程数据列表

6）双击模块列表"块标题"列第二行空白处，弹出"块信息设置"对话框，按图 3-26 所示进行设置，单击"执行"按钮，建立"工作区"状态流程图模块。

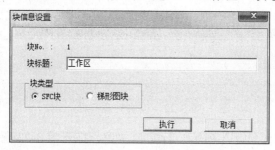

图 3-26　"块信息设置"对话框

进入"工作区"模块后将光标移至第 0 步的位置，并在右边界面输入相应的程序，如图 3-27 所示。

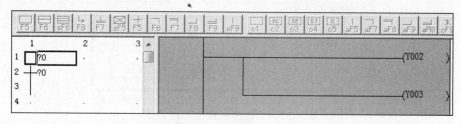

图 3-27　第 0 步程序

图 3-27 光标中"？"表示□内没有程序或者程序还没有转换，此时若是在右边界面输入程序并转换后，则"？"自动消失；光标中的"0"表示该□在状态流程图中的位置是"步数为 0"（第 0 步）。

7）将光标移至图 3-28 左边界面所示位置。

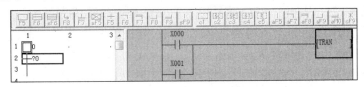

图 3-28　转移条件部分程序

图 3-28 光标处的横线表示转移条件，其中"？"表示条件对应的程序还未编写或未转换，此时只需将界面右侧编写好的程序进行转换，"？"就会自动消失；"0"表示条件的序号，代表此处是状态流程图的第 0 个条件。注意，在界面右侧的转移条件梯形图中，靠近右母线的位置一定不能输出线圈，必须输入 TRAN 表示转移，如图 3-28 所示。

8）新建状态继电器□（步）。将光标移至左侧界面中序号旁边有黑点的位置，单击 🖅 按钮或按 F5 键，打开"SFC 符号输入"对话框，如图 3-29 所示。该对话框中的"10"代表将要建立的□（步）的序号为"10"，可通过修改此数字来改变光标所在□（步）的序号。单击"确定"按钮，完成新"步"的建立。

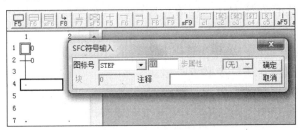

图 3-29　新建状态继电器

9）新建转移条件＋。将光标移至左侧界面中紧挨□下方的空白处，单击 🖅 按钮或按 F5 键，打开"SFC 符号输入"对话框，如图 3-30 所示。该对话框中的"1"代表将要建立的＋（转移条件）的序号为"1"，可通过修改此处的数字来改变光标所在＋（转移条件）的序号，单击"确定"按钮，完成新"转移条件"的建立。

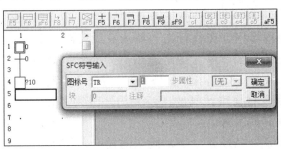

图 3-30　新建转移条件

10）创建并行分支。将光标移至条件所在位置［图 3-31（a）所示的条件 0］，单击 按钮或按 F7 键，打开"SFC 符号输入"对话框，如图 3-31（a）所示。该对话框中"1"代表将要建立的分支所跨越的列数为 1，可通过修改此数字来改变光标所在＋（转移条件）的并行分支的跨度。

单击"确定"按钮，完成新"并行分支"的建立，如图 3-31（b）所示，此时在新分支中创立新条件的方法与步骤 9）相同。

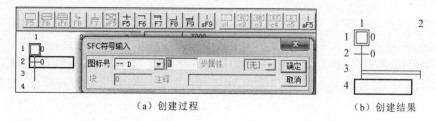

（a）创建过程 　　　　　　　　　　　　（b）创建结果

图 3-31　创建并行分支

11）创建选择分支。将光标移至条件所在位置［图 3-32（a）］，单击 按钮或按 F6 键，打开"SFC 符号输入"对话框，如图 3-32（a）所示。该对话框中"1"代表将要建立的分支所跨越的列数为 1，可通过修改此数字来改变光标所在＋（转移条件）的选择分支的跨度。

单击"确定"按钮，完成新"选择分支"的建立。如图 3-32（b）所示，此时在新分支中创立新条件的方法与步骤 9）相同。

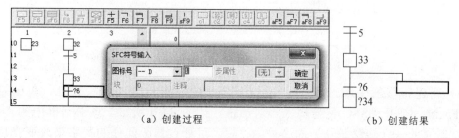

（a）创建过程 　　　　　　　　　　　　（b）创建结果

图 3-32　创建选择分支

选择分支的汇合：将光标移动到汇合点的转移位置，单击 按钮或按 F8 键即可。

12）步跳跃。使程序指针在执行完当前步后跳跃到指定序号的步的程序，即为步跳跃。将光标移至左侧界面中序号旁边有黑点的位置，如图 3-33（a）中转移条件 7 的下方，单击 按钮或按 F8 键，打开"SFC 符号输入"对话框，如图 3-33（a）所示。该对话框中"32"代表将要跳跃到的（步）的序号为"32"，可通过修改此数字来改变程序指针将要跳跃到的步数。

单击"确定"按钮，完成新"步跳跃"的建立，如图 3-33（b）所示。

| （a）创建过程 | （b）创建结果 |

图 3-33　步跳跃

13）画竖线。从图 3-12 中可以看出，两条分支长度不一，为了使两条分支平行汇合，应在较短的分支下面画竖线。将光标移至图 3-34 所示位置，单击 sF9 按钮或按 Shift+F9 组合键，打开"SFC 符号输入"对话框，如图 3-34 所示。该对话框中"6"表示竖线长度跨越了 6 行，可以根据实际情况改变竖线的长度。

单击"确定"按钮，打开图 3-35（a）所示的提示框，单击"是"按钮即可完成"画竖线"，结果如图 3-35（b）所示。

图 3-34　画竖线

（a）提示框

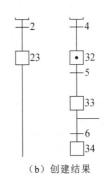

（b）创建结果

图 3-35　提示框及结果

14）并列分支的汇合。如图 3-36（a）所示，将光标移动到汇合点的转移位置，单击 F9 按钮或按 F9 键，打开"SFC 符号输入"对话框，单击"确定"按钮完成汇合，如图 3-36（b）所示。

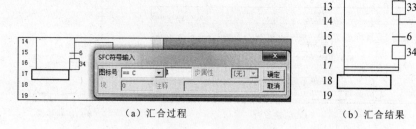

（a）汇合过程　　　　　　　　　（b）汇合结果

图 3-36　并列分支汇合

15）块编译（转换）。双击图 3-37（a）中的"MAIN"选项，弹出模块列表，如图 3-37（b）所示。模块 1 中存在"*"号，说明有未变换的程序，此状态下需要先进行变换才可以将程序写入 PLC，此时单击 工具即可对程序块进行编译（转换）。

（a）双击"MAIN"选项　　　　　　　　（b）模块列表

图 3-37　块编译（转换）

16）改变数据类型。从状态流程图改变为梯形图的步骤如下：光标移动到图 3-38 中的"MAIN"选项处右击，在弹出的快捷菜单中选择"改变程序类型"命令，打开"改变数据类型"对话框，如图 3-39 所示。选中"梯形图"单选按钮，单击"确定"按钮，完成状态流程图到梯形图的转换。此时双击"MAIN"选项，则出现转换后的梯形图程序。

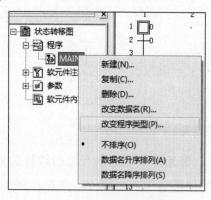

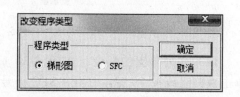

图 3-38　改变程序类型　　　　　　　　图 3-39　"改变数据类型"对话框

也可从梯形图改变为状态流程图,方法同上。当打开"改变数据类型"对话框后,选中"SFC"单选按钮,单击"确定"按钮,即可完成梯形图到状态流程图的转换。此时双击"MAIN"选项,则出现转换后的状态流程图的模块列表。

17)软元件注释。双击图 3-40 所示的"COMMENT"选项,弹出右侧的软元件注释表,在列表中将相应的软元件的注释词填上。

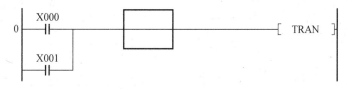

图 3-40　软元件注释

若要编写其他类软元件,如 Y、M、C、T 等,可设置"软元件名"为 Y0、M0、C0、T0 等,单击"显示"按钮即可。下面以 Y0 为例,依次将各个 Y 的注释填上,如图 3-41 所示。

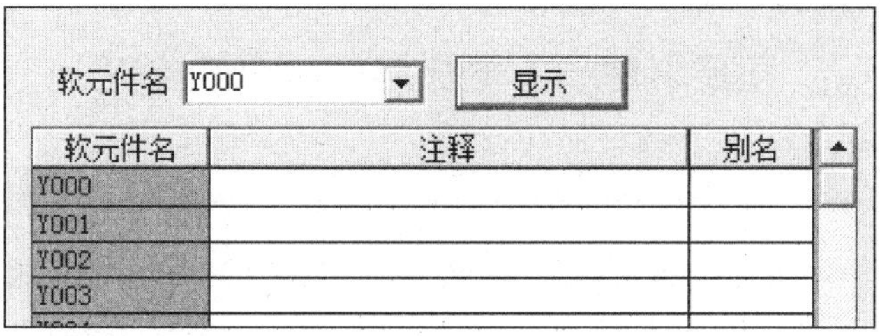

图 3-41　输出(Y)注释

程序中如果要显示注释,应先将光标移动到梯形图部分,单击"显示"按钮,在下拉菜单中选择"注释显示"命令;也可直接按 Ctrl+F5 组合键,注释前后的效果如图 3-42 和图 3-43 所示。

图 3-42　注释前效果

18)按 Ctrl+J 组合键,可切换左右界面。

19)完成后的状态流程图如图 3-44 所示。

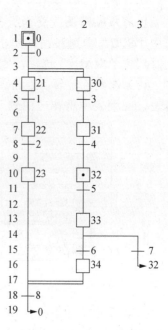

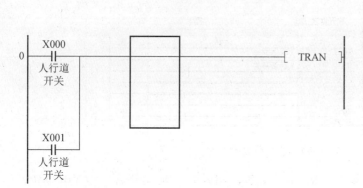

图 3-43　注释后效果　　　　　　图 3-44　完成后的状态流程图

拓展训练

拓展训练一　电梯能耗制动的控制

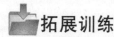

现代城市电梯的应用广泛，为了使电梯能够准确、快捷、节能地运行，电梯制动一般采用能耗制动，如图 3-45 所示为电动机正反转能耗制动控制电路。

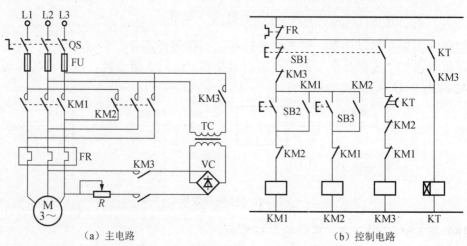

（a）主电路　　　　　　　　　　（b）控制电路

图 3-45　电动机正反转能耗制动控制电路

电动机正反转能耗制动控制电路的控制要求如下。

1）正反转：按下 SB2 按钮后松开，交流接触器 KM1 得电自锁，电动机正转；或按下 SB3 按钮后松开，交流接触器 KM2 得电自锁，电动机反转。

2）制动停止：按下 SB1 按钮，KM1 或 KM2 断开，KM3 得电，能耗制动（制动时间为 T），时间到，KM3 失电，电动机 M 停止。

在电动机正反转能耗制动控制电路中，开关 QS、熔断器 FU、接触器主触点及电动机组成主电路部分，而由按钮 SB1、SB2、SB3，接触器 KM1、KM2、KM3 线圈、辅助触点和 KT 定时器组成控制电路部分。PLC 改造主要针对控制电路进行，而主电路部分保留不变。

在控制电路中，起动按钮属于控制信号，应作为 PLC 的输入量分配接线端子；而接触器线圈属于被控对象，应作为 PLC 的输出量分配接线端子。

训练实施

一、系统设计

1）列出电梯能耗制动控制的 I/O 分配表（表 3-28）。

表 3-28　I/O 分配表

输入		输出	

2）绘制电梯能耗制动控制的 PLC 外部接线图。

3）编写电梯能耗制动控制程序。

二、有关设备与工具准备

1）填写设备清单（表 3-29）。

表 3-29　设备清单

序号	名称	数量	型号规格	单位	借出时间	借用人签名	归还时间	归还人签名	管理员签名	备注

2）填写工具清单（表 3-30）。

表 3-30　工具清单

序号	名称	型号规格	单位	申领数量	实发数量	归还时间	归还人签名	管理员签名	备注

三、接线与调试、运行

1）选好元器件，按设计的接线原理图进行安装接线。

2）输入程序，并调试、运行。

特别提示： 工作时，出现事故应立即切断电源并报告指导老师。

3）填写电梯能耗制动控制任务实施记录表（表 3-31）。

表 3-31 电梯能耗制动控制任务实施记录表

任务名称	电梯能耗制动的控制					
班级		姓名		组别		日期	
学生过程记录						完成情况
元器件选择正确						
电路连接正确						
I/O 分配表填写正确						
PLC 接线图绘制正确						
学生过程记录						
程序编写正确						
调试记录：小组派代表展示调试效果，接受全体同学的检查，测试控制要求的实现情况，记录过程						

评价反馈

填写电梯能耗制动控制评价表（表 3-32）。

表 3-32 电梯能耗制动控制评价表

项目内容	配分	评分标准	评分			
			互检		专检	
			扣分	得分	扣分	得分
电路设计	20分	1）I/O 地址遗漏或错误，每处扣 1 分，最多扣 5 分 2）梯形图表达不正确或画法不规范，每处扣 1 分，最多扣 5 分 3）接线图表达不正确或画法不规范，每处扣 1 分，最多扣 5 分 4）指令有错，每条扣 1 分，最多扣 5 分				
安装接线	30分	1）接线不紧固、不美观，每根扣 2 分，最多扣 10 分 2）接点松动、遗漏，每处扣 0.5 分，最多扣 5 分 3）损伤导线绝缘或线芯，每根扣 0.5 分，最多扣 5 分 4）不按 PLC 控制 I/O 接线图接线，每处扣 2 分，最多扣 10 分				

续表

项目内容	配分	评分标准	评分			
			互检		专检	
			扣分	得分	扣分	得分
程序输入与调试	40分	1) 不会熟练操作计算机键盘输入指令, 每处扣1分, 最多扣5分 2) 不会用删除、插入、修改指令, 每项扣1分, 最多扣5分 3) 1次试车不成功扣8分, 2次试车不成功扣15分, 3次试车不成功扣30分				
安全文明生产	10分	1) 违反操作规程, 产生不安全因素, 酌情扣5~7分 2) 未按管理要求对实训室进行整理与清扫, 酌情扣1~3分				
学习心得	根据学习过程谈谈自己的学习感受, 如学习收获、遇到的困难、努力方向					

综合评定:

互检得分: 专检得分: 综合得分:

说明:综合得分=0.3×互检+07×专检

填写电梯能耗制动学习任务评价表(表3-33)。

表3-33　电梯能耗制动控制学习任务评价表

评价指标	评价等级			
	A	B	C	D
出勤情况				
工作页填写				
实施记录表填写				
工具的摆放				
清洁卫生				

总体评价(学习进步方面、今后努力方向):

教师签名: 年   月   日

拓展训练二　全自动钻孔工作台的控制

训练描述

具有3个工位和1个旋转圆盘的工作台如图3-46所示, 其工作流程是: 当按下起动按钮后, 系统开始运行, 3个工位同时投入各自的工作顺序, 即装工件、钻孔和卸工件。当4个工位都进入等待状态时, 料盘旋转120°, 等待新一轮工件的加工。

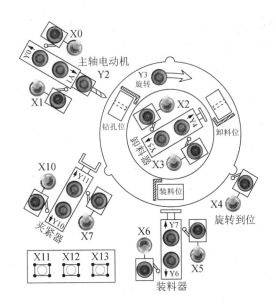

图 3-46 全自动钻孔工作台示意图

控制要求：各工位的具体工作顺序如下。

工位 1：推料杆将料推进，料到位后退回，退回到位后等待。

工位 2：将工件夹紧，钻头下钻，下钻到位后退出，退回到位后，放松工件，完全放松后，进入等待状态。

工位 3：推料杆将料推出，推料杆退回到位后等待。

训练实施

一、系统设计

1）列出全自动钻孔工作台控制的 I/O 分配表（表 3-34）。

表 3-34　I/O 分配表

输入		输出	

2）绘制全自动钻孔工作台控制的 PLC 外部接线图。

3）编写全自动钻孔工作台控制程序。

二、有关设备与工具准备

1）填写设备清单（表 3-35）。

表 3-35　设备清单

序号	名称	数量	型号规格	单位	借出时间	借用人签名	归还时间	归还人签名	管理员签名	备注

2）填写工具清单（表 3-36）。

表 3-36　工具清单

序号	名称	型号规格	单位	申领数量	实发数量	归还时间	归还人签名	管理员签名	备注

三、接线与调试、运行

1）选好元器件，按设计的接线原理图进行安装接线。

2）输入程序，并调试、运行。

特别提示：工作时，出现事故应立即切断电源并报告指导老师。

3）填写全自动钻孔工作台控制任务实施记录表（表 3-37）。

表 3-37　全自动钻孔工作台控制任务实施记录表

任务名称	全自动钻孔工作台的控制					
班级		姓名		组别		日期
学生过程记录						完成情况
元器件选择正确						
电路连接正确						
I/O 分配表填写正确						
学生过程记录						
PLC 接线图绘制正确						
程序编写正确						
调试记录：小组派代表展示调试效果，接受全体同学的检查，测试控制要求的实现情况，记录过程						

评价反馈

填写全自动钻孔工作台控制评价表（表 3-38）。

表 3-38　全自动钻孔工作台控制评价表

项目内容	配分	评分标准	评分			
			互检		专检	
			扣分	得分	扣分	得分
电路设计	20 分	1) I/O 地址遗漏或错误，每处扣 1 分，最多扣 5 分 2) 梯形图表达不正确或画法不规范，每处扣 1 分，最多扣 5 分 3) 接线图表达不正确或画法不规范，每处扣 1 分，最多扣 5 分 4) 指令有错，每条扣 1 分，最多扣 5 分				
安装接线	30 分	1) 接线不紧固、不美观，每根扣 2 分，最多扣 10 分 2) 接点松动、遗漏，每处扣 0.5 分，最多扣 5 分 3) 损伤导线绝缘或线芯，每根扣 0.5 分，最多扣 5 分 4) 不按 PLC 控制 I/O 接线图接线，每处扣 2 分，最多扣 10 分				
程序输入与调试	40 分	1) 不会熟练操作计算机键盘输入指令，每处扣 1 分，最多扣 5 分 2) 不会用删除、插入、修改指令，每项扣 1 分，最多扣 5 分 3) 1 次试车不成功扣 8 分，2 次试车不成功扣 15 分，3 次试车不成功扣 30 分				
安全文明生产	10 分	1) 违反操作规程，产生不安全因素，酌情扣 5~7 分 2) 未按管理要求对实训室进行整理与清扫，酌情扣 1~3 分				
学习心得	根据学习过程谈谈自己的学习感受，如学习收获、遇到的困难、努力方向					

综合评定：

互检得分：　　　　　专检得分：　　　　　综合得分：

说明：综合得分＝0.3×互检＋0.7×专检

填写全自动钻孔工作台学习任务评价表（表 3-39）。

表 3-39　全自动钻孔工作台控制学习任务评价表

评价指标	评价等级			
	A	B	C	D
出勤情况				
工作页填写				
实施记录表填写				
工具的摆放				
清洁卫生				

总体评价（学习进步方面、今后努力方向）：

教师签名：　　　　年　　月　　日

模块四

PLC 功能指令及应用

任务十　隧道风机的控制

任务描述

　　某隧道安装了 8 台风机，每 2 台风机为 1 组，共分为 4 组，根据隧道通风和节能的要求，设置 4 组风机轮流工作，每组风机工作 100s。隧道风机示意图如图 4-1 所示。

图 4-1　隧道风机示意图

课件：隧道风机
的控制

隧道风机的控制
演示视频

　　根据隧道风机的控制要求，运用 PLC 的功能指令设计梯形图，列出 I/O 分配表，绘制外部接线图，制订合理的设计方案，选择合适的设备模块，与组员合作完成隧道风机控制的 PLC 程序设计和调试。

学习目标

1）能够说出 MOV 指令和 MOVP 指令的区别点。
2）能解释位组合元件 KnX、KnY、KnM 的含义，并能正确运用组合元件编程。
3）能够叙述隧道风机控制的工作原理。
4）能够绘制隧道风机控制的安装接线图。
5）根据控制要求，灵活运用 MOVP 指令，完成隧道风机控制系统的运行和程序调试。

任务结构

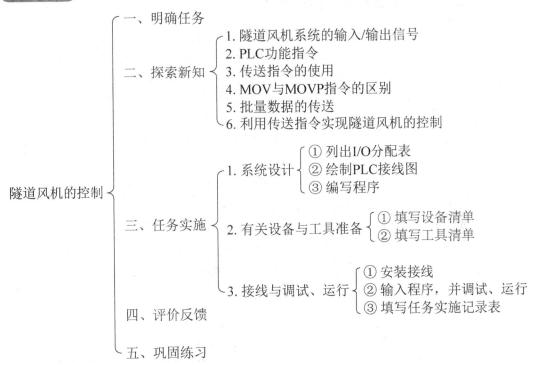

探索新知

◎ **问题引导1：根据隧道风机的控制要求，分析系统的控制规律，并确定系统的输入/输出信号。**

输入信号：_____。

输出信号：_____。

根据以上系统控制的分析，填写 I/O 分配表，并绘制 PLC 接线图。

◎ **问题引导2：什么是 PLC 功能指令？**

前面学习的基本指令和步进指令主要是进行逻辑运算，而作为工业控制计算机，PLC 仅有基本指令和步进指令是远远不够的。现代工业控制在许多场合需要数据处理，因而 PLC 制造商逐步在 PLC 中引入功能指令或称为应用指令，用于数据的传送、运算、变换及程序控制等应用。

PLC 的功能指令实际上就是许多功能不同的子程序的调用，既能简化程序设计，又能完成复杂的数据处理及其他控制功能，使 PLC 成为真正意义上的工业控制计算机。

功能指令按功能号 FNC00～FNC*** 表示，由助记符和操作数组成。有的功能指令没有操作数，而大多数的功能指令有 1~4 个操作数。

◎ 问题引导 3：传送指令如何使用？

传送指令 MOV，功能号为 FNC12，有两个操作数：[S·]、[D·]，作用是将源操作数的数据传送到目标元件中，即[S·]→[D·]，使用说明如图 4-2 所示。当 X000＝ON 时，源操作数[S·]中的数据 K100 传送到目标元件 D10 中。当 X000＝OFF 时，指令不执行，数据保持不变。

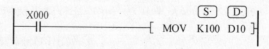

图 4-2　功能指令格式

[S·]：源操作数，其内容不随指令执行而变化。

[D·]：目标操作数，其内容随指令执行而改变。

[n·]：其他操作数，既不作源操作数，又不作目标操作数，常用来表示常数或者作为源操作数或目标操作数的补充说明，可用十进制的 K、十六进制的 H 和数据寄存器 D 来表示。

传送指令 MOV 的使用说明如表 4-1 所示。

表 4-1　传送指令 MOV 使用说明

指令名称	助记符功能号	功能	操作数适用元件								
传送指令 **D**	FNC 12 MOV **P**	将源操作数元件的数据传送到指定的目标操作元件	字软元件	K,H	KnX	KnY	KnM	KnS	T	C	D	V,Z

常数可以传送到数据寄存器，寄存器与寄存器之间也可以传送。此外，定时器、计数器的当前值也可以被传送到寄存器，如图 4-3 所示，当 X001＝ON 时，T0 的当前值被传送到 D20 中。

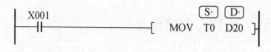

图 4-3　寄存器与寄存器数据传送

功能指令可处理 16 位数据或 32 位数据。处理 32 位数据的指令是在助记符前加"D"标志，无此标志即为处理 16 位数据的指令。如图 4-4 所示，若 MOV 指令前面有"D"，则当 X001 接通时，执行 D21D20→D23D22（32 位）。

图 4-4　指令的数据长度

特别提示：

① 在使用 32 位数据时建议使用首编号为偶数的操作数，不容易出错。

② 32 位计数器（C200～C255）的一个软元件为 32 位，不可作为处理 16 位数据指令的操作数使用。

◎ **问题引导 4：MOV 与 MOVP 指令的区别是什么？**

功能指令有连续执行和脉冲执行两种类型。

连续执行方式：每个扫描周期都重复执行一次。

脉冲执行方式：只在信号 OFF→ON 时执行一次，在指令后加 P。

如图 4-5 所示，指令助记符 MOV 后面有"P"表示脉冲执行，即该指令仅在 X000 接通（由 OFF 到 ON）时执行（将 D10 中的数据传送到 D12 中）一次；如果没有"P"则表示连续执行，即在 X001 接通（ON）的每一个扫描周期指令都要被执行。

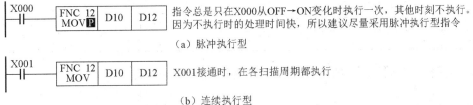

图 4-5　指令的执行方式

输入图 4-6 的梯形图程序，监控 D0、D1 并记录现象：＿＿＿＿＿＿＿＿＿＿＿＿＿

＿＿

＿＿＿＿＿＿＿＿＿＿＿＿＿＿＿＿＿＿＿＿＿＿＿＿＿＿＿＿＿＿＿＿＿＿＿＿＿＿＿。

◎ **问题引导 5：如何对批量数据进行传送？**

位元件：只处理 ON/OFF 信息的软元件，如 X、Y、M、S 等。

字元件：处理数值的软元件，如 T、C、D 等，一个字元件由 16 位二进制数组成。

若要处理 32 位数据，用两个相邻的数据寄存器就可以组成 32 位数据寄存器。

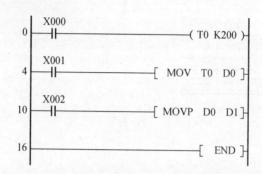

图 4-6　MOV、MOVP 指令举例

位元件可以通过组合使用，4 个位元件为一个单元，通用表示方法是由 Kn 加起始的软元件号组成，n 为单元数，如 "Kn＋首元件号"。

K1Y0 表示将 Y0 作为起始位的 4 位数据 "Y0～Y3"；

K2X0 表示将 X0 作为起始位的 8 位数据 "X0～X7"；

K4M10 表示将 M10 作为起始位的 16 位数据 "M10～M25"；

K8M100 表示将 M100 作为起始位的 32 位数据 "M100～M131"。

例如，K2M0 表示 M0～M7 组成的两个位元件组（K2 表示两个单元），它是一个 8 位数据，M0 为最低位，如表 4-2 所示。

表 4-2　组合元件的赋值

数据	最高位	中间位						最低位
K2M0	M7	M6	M5	M4	M3	M2	M1	M0
H89	1	0	0	0	1	0	0	1

◎ 问题引导 6：如何利用传送指令实现隧道风机的控制？

根据控制要求，分析应该采用 MOV 指令还是 MOVP 指令，并填写程序控制时序分析表（表 4-3）。

表 4-3　隧道风机的控制时序分析表

步骤	控制要求	风机 8#	风机 7#	风机 6#	风机 5#	风机 4#	风机 3#	风机 2#	风机 1#	控制命令
		Y7	Y6	Y5	Y4	Y3	Y2	Y1	Y0	
1	按下起动按钮									MOV K3 K1Y0
2	100s 定时到									MOV K12 K1Y0
3	200s 定时到									MOV K12 K1Y2
4	300s 定时到									MOV K12 K1Y4
5	400s 定时到	循环步骤一								
6	按下停止按钮	0	0	0	0	0	0	0	0	

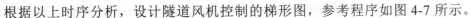

根据以上时序分析，设计隧道风机控制的梯形图，参考程序如图 4-7 所示。

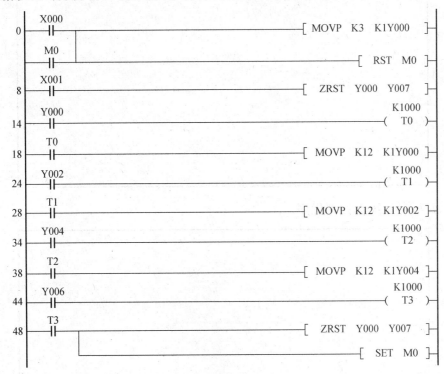

图 4-7　隧道风机控制的梯形图设计

任务实施

一、系统设计

1）列出隧道风机控制的 I/O 分配表（表 4-4）。

表 4-4　I/O 分配表

输入		输出	

2）绘制隧道风机控制的 PLC 外部接线图。

3）编写隧道风机控制程序。

二、有关设备与工具准备

1）填写设备清单（表 4-5）。

表 4-5　设备清单

序号	名称	数量	型号规格	单位	借出时间	借用人签名	归还时间	归还人签名	管理员签名	备注

2）填写工具清单（表 4-6）。

表 4-6 工具清单

序号	名称	型号规格	单位	申领数量	实发数量	归还时间	归还人签名	管理员签名	备注

三、接线与调试、运行

1）选好元器件，按设计的接线原理图进行安装接线。

2）输入程序，并调试、运行。

特别提示：工作时，出现事故应立即切断电源并报告指导老师。

3）将本组设计的 PLC 接线图、设计程序、调试结果与其他组进行对比，检查是否正确或相同，在组内和组外进行充分的讨论和修改，得出最佳实施方案。

4）填写隧道风机控制任务实施记录表（表 4-7）。

表 4-7 隧道风机控制任务实施记录表

任务名称	隧道风机的控制					
班级		姓名		组别		日期	
学生过程记录						完成情况
元器件选择正确						
电路连接正确						
I/O 分配表填写正确						
PLC 接线图绘制正确						
程序编写正确						
调试记录：小组派代表展示调试效果，接受全体同学的检查，测试控制要求的实现情况，记录过程						

评价反馈

填写隧道风机控制评价表（表 4-8）。

表 4-8　隧道风机控制评价表

项目内容	配分	评分标准	评分			
			互检		专检	
			扣分	得分	扣分	得分
电路设计	20分	1）I/O 地址遗漏或错误，每处扣 1 分，最多扣 5 分 2）梯形图表达不正确或画法不规范，每处扣 1 分，最多扣 5 分 3）接线图表达不正确或画法不规范，每处扣 1 分，最多扣 5 分 4）指令有错，每条扣 1 分，最多扣 5 分				
安装接线	30分	1）接线不紧固、不美观，每根扣 2 分，最多扣 10 分 2）接点松动、遗漏，每处扣 0.5 分，最多扣 5 分 3）损伤导线绝缘或线芯，每根扣 0.5 分，最多扣 5 分 4）不按 PLC 控制 I/O 接线图接线，每处扣 2 分，最多扣 10 分				
程序输入与调试	40分	1）不会熟练操作计算机键盘输入指令，每处扣 1 分，最多扣 5 分 2）不会用删除、插入、修改指令，每项扣 1 分，最多扣 5 分 3）1 次试车不成功扣 8 分，2 次试车不成功扣 15 分，3 次试车不成功扣 30 分				
安全文明生产	10分	1）违反操作规程，产生不安全因素，酌情扣 5～7 分 2）未按管理要求对实训室进行整理与清扫，酌情扣 1～3 分				
学习心得	根据学习过程谈谈自己的学习感受，如学习收获、遇到的困难、努力方向					

综合评定：

互检得分：　　　专检得分：　　　　　综合得分：

说明：综合得分＝0.3×互检＋0.7×专检

填写隧道风机控制学习任务评价表（表 4-9）。

表 4-9　隧道风机控制学习任务评价表

评价指标	评价等级			
	A	B	C	D
出勤情况				
工作页填写				
实施记录表填写				
工具的摆放				
清洁卫生				

总体评价（学习进步方面、今后努力方向）：

教师签名：　　　　　年　　月　　日

巩 固 练 习

1．（D）MOV（FNC 12） D10　D20 指令的目的操作数是（　　　）。

    A．D20　D22

    B．D21　D20

    C．D20　D18

    D．D19　D20

2．（D）MOV（FNC 12） D10　D20 指令的源操作数是（　　　）。

    A．D11　D10

    B．D9　D10

    C．D10　D12

    D．D8　D10

3．MOV 指令的操作数源元件可以是（　　　）。

    A．KnX、KnY、KnM、KnS、T、C、D、V，Z

    B．K，H、KnX、KnY、KnS、T、C、D、V，Z

    C．T、C、D、V，Z

    D．V，Z

4．MOV 是（　　　）。

    A．16 位数据传送指令

    B．32 位数据传送指令

    C．8 位数据传送指令

    D．64 位数据传送指令

5．FX 系列 PLC 中，32 位的数值传送指令是（　　　）。

    A．DMOV　　　　　B．MOV　　　　　C．MEAN　　　　　D．RS

6．三菱 PLC 功能指令后面加 P（如 MOVP D1 D3）表示的意思是（　　　）。

    A．32 位指令

    B．16 位指令

    C．脉冲执行型指令

    D．数据处理指令

7．三菱 PLC 功能指令前面加 D（如 DINC　D100）表示的意思是（　　　）。

    A．立即执行型指令

    B．32 位指令

    C．脉冲执行型指令

D. 8位指令

8. FMOV（FNC 16）是（　　　）指令。

    A. 子程序调用

    B. 子数据处理

    C. 多点传送

    D. 移位传送

参考答案

1. B　2. A　3. B　4. A　5. A　6. C　7. B　8. C

任务十一　广告彩灯的控制

任务描述

    某广告灯光招牌有 8 个 LED 彩灯，当按下起动按钮 SB1 时，8 个彩灯先以正序每隔 1s 轮流点亮，当最后一个彩灯亮后，停 2s；然后以反序每隔 1s 轮流点亮，当第一个灯再亮后，停 2s，重复上述过程。当按下停止按钮 SB2 时，所有彩灯停止工作。广告彩灯控制示意图如图 4-8 所示。

课件：广告彩灯　广告彩灯控制演
的控制　　　示视频

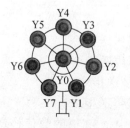

图 4-8　广告彩灯控制示意图

学习目标

    1）能解释循环移位指令（ROL、ROR、RCL、RCR）的功能，并能正确运用指令编程。

    2）能对控制步骤进行时序分析，绘制时序分析图。

    3）能根据控制要求，灵活运用循环功能指令实现广告彩灯控制系统的运行和程序调试。

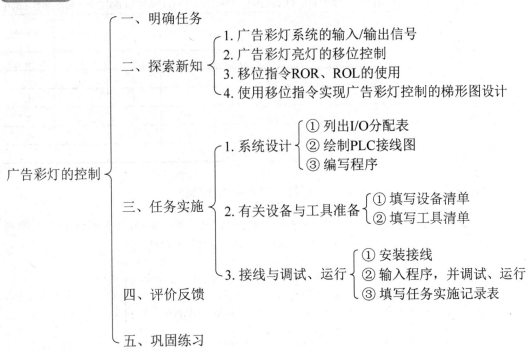

任务结构

广告彩灯的控制
- 一、明确任务
- 二、探索新知
  - 1. 广告彩灯系统的输入/输出信号
  - 2. 广告彩灯亮灯的移位控制
  - 3. 移位指令ROR、ROL的使用
  - 4. 使用移位指令实现广告彩灯控制的梯形图设计
- 三、任务实施
  - 1. 系统设计
    - ① 列出I/O分配表
    - ② 绘制PLC接线图
    - ③ 编写程序
  - 2. 有关设备与工具准备
    - ① 填写设备清单
    - ② 填写工具清单
  - 3. 接线与调试、运行
    - ① 安装接线
    - ② 输入程序，并调试、运行
    - ③ 填写任务实施记录表
- 四、评价反馈
- 五、巩固练习

探索新知

◎ **问题引导1：分析广告彩灯的控制时序，找出其中的规律，并确定系统的输入/输出信号。**

根据控制要求，广告彩灯的控制时序如表 4-10 所示，写出彩灯控制规律：_____

_____。

表 4-10 广告彩灯的控制时序分析表

序号	时序控制	彩灯 LED8	彩灯 LED7	彩灯 LED6	彩灯 LED5	彩灯 LED4	彩灯 LED3	彩灯 LED2	彩灯 LED1
1	按下起动按钮	0	0	0	0	0	0	0	1
2	1s	0	0	0	0	0	0	1	0
3	2s	0	0	0	0	0	1	0	0
4	3s	0	0	0	0	1	0	0	0
5	4s	0	0	0	1	0	0	0	0
6	5s	0	1	1	0	0	0	0	0
7	6s	1	1	0	0	0	0	0	0
8	7s	1							

续表

序号	时序控制	彩灯 LED8	彩灯 LED7	彩灯 LED6	彩灯 LED5	彩灯 LED4	彩灯 LED3	彩灯 LED2	彩灯 LED1
9	延时 2s	0	1	0	0	0	0	0	0
10	10s	0	0	1	0	0	0	0	0
11	11s	0	0	0	1	0	0	0	0
12	12s	0	0	0	0	1	0	0	0
13	13s	0	0	0	0	0	1	0	0
14	14s	0	0	0	0	0	0	1	0
15	15s	0	0	0	0	0	0	0	1
16	延时 2s，重复第 1 步								

◎ **问题引导 2：如何实现广告彩灯亮灯的移位控制？**

广告彩灯的循环亮灯可以采用移位指令进行移位控制，输入图 4-9 所示梯形图程序，记录实现现象，并简单说明 ROR、ROL、ZRST 指令的功能。

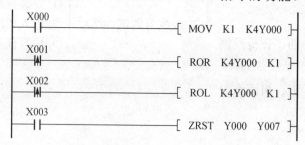

图 4-9　移位指令和复位指令举例程序

实验现象：

1）按下 X000，出现的现象是：＿＿＿＿＿＿＿＿＿＿＿＿＿＿＿＿＿＿＿＿＿＿＿＿。

2）按下 X001，出现的现象是：＿＿＿＿＿＿＿＿＿＿＿＿＿＿＿＿＿＿＿＿＿＿＿＿。

3）按下 X002，出现的现象是：＿＿＿＿＿＿＿＿＿＿＿＿＿＿＿＿＿＿＿＿＿＿＿＿。

4）按下 X003，出现的现象是：＿＿＿＿＿＿＿＿＿＿＿＿＿＿＿＿＿＿＿＿＿＿＿＿。

◎ **问题引导 3：移位指令如何使用？**

（1）循环移位指令 ROR、ROL（FNC30、FNC31）

右循环移位指令 ROR 和左循环移位指令 ROL 是使 16 位或 32 位数据的各位向右、左循环移位的指令，指令的执行过程如图 4-10 所示。

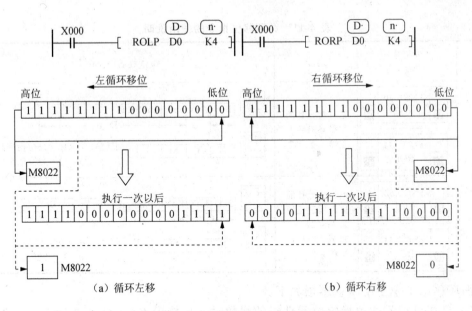

图 4-10 循环移位指令 ROR、ROL 举例

（2）带进位循环移位指令 RCR、RCL（FNC32、FNC33）

带进位的右循环移位指令 RCR 和带进位的左循环移位指令 RCL 是使 16 位或 32 位数据连同进位标志 M8022 一起向右、左循环移位的指令，指令的执行过程如图 4-11 所示。

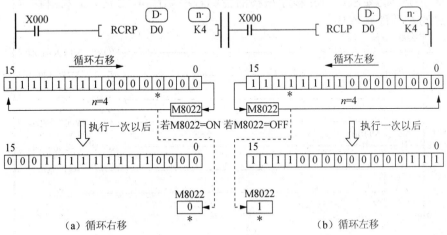

图 4-11 带进位循环移位指令 RCR、RCL 举例

循环移位指令的使用说明如表 4-11 所示。

表 4-11　循环移位指令的使用说明

指令名称	助记符功能号	功能	操作数适用元件									
循环移位指令	**FNC 30** **ROR**　D　P **FNC 31** **ROL**　D　P	把目标元件的位循环右移、左移 n 次	字软元件	K,H	KnX	KnY	KnM	KnS	T	C	D	V,Z
			位软元件	X	Y	M	S					
			回转量：$n \leqslant 16$（16位指令） $n \leqslant 32$（32位指令）									
	FNC 32 **RCR**　D　P **FNC 33** **RCL**　D　P	把目标元件的位连同进位标志 M8022 一起循环右移、左移 n 次	字软元件	K,H	KnX	KnY	KnM	KnS	T	C	D	V,Z
			位软元件	X	Y	M	S					
			回转量：$n \leqslant 16$（16位指令） $n \leqslant 32$（32位指令）									

循环移位指令使用注意事项如下。

1）当在目标元件中指定位元件组的组数时，只能用 K4（16 位指令）或 K8（32 位指令）表示，如 K4M0 或 K8M0。

2）在指令的连续执行方式中，每一个扫描周期都会移位一次。在实际控制中，常采用脉冲执行方式。

◎ **问题引导 4：使用移位指令实现广告彩灯控制的梯形图设计。**

根据系统控制要求，广告彩灯左移的控制程序如图 4-12 所示，利用移位指令补充广告彩灯的右移控制程序。

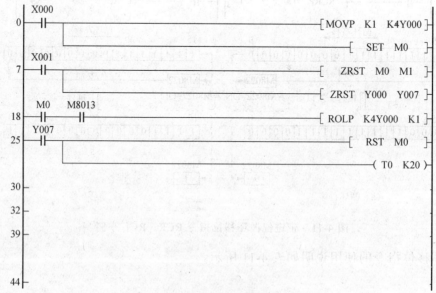

图 4-12　广告彩灯控制的梯形图

任务实施

一、系统设计

1）列出广告彩灯控制的 I/O 分配表（表 4-12）。

表 4-12　I/O 分配表

输入		输出	

2）绘制广告彩灯控制的 PLC 外部接线图。

3）根据任务要求编写广告彩灯控制程序。

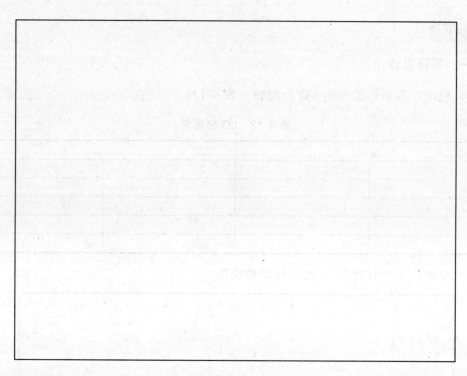

思考：利用移位、复位或者传送指令自行设计其他花样的彩灯控制效果。

二、有关设备与工具准备

1）填写设备清单（表4-13）。

表 4-13　设备清单

序号	名称	数量	型号规格	单位	借出时间	借用人签名	归还时间	归还人签名	管理员签名	备注
1										
2										
3										
4										
5										
6										
7										
8										
9										

2）填写工具清单（表4-14）。

表 4-14　工具清单

序号	名称	型号规格	单位	申领数量	实发数量	归还时间	归还人签名	管理员签名	备注

三、接线与调试、运行

1）选好元器件，按设计的接线原理图进行安装接线。

2）输入程序，并调试、运行。

特别提示：工作时，出现事故应立即切断电源并报告指导老师。

3）将本组设计的 PLC 接线图、设计程序、调试结果与其他组进行对比，检查是否正确或相同，在组内和组外进行充分的讨论和修改，得出最佳实施方案。

4）填写广告彩灯控制任务实施记录表（表 4-15）。

表 4-15　广告彩灯控制任务实施记录表

任务名称			广告彩灯的控制				
班级		姓名		组别		日期	
	学生过程记录						完成情况
	元器件选择正确						
	电路连接正确						
	I/O 分配表填写正确						
	PLC 接线图绘制正确						
	程序编写正确						

调试记录：小组派代表展示调试效果，接受全体同学的检查，测试控制要求的实现情况，记录过程。

按下 SB1 按钮，分析现象，监控 Y0～Y7，绘制 Y0～Y7 时序图。

Y0：

Y1：

Y2：

Y3：

Y4：

Y5：

Y6：

Y7：

按下 SB2 按钮，会出现的现象为

评价反馈

填写广告彩灯控制评价表（表 4-16）。

表 4-16　广告彩灯控制评价表

项目内容	配分	评分标准	评分			
			互检		专检	
			扣分	得分	扣分	得分
电路设计	20 分	1）I/O 地址遗漏或错误，每处扣 1 分，最多扣 5 分 2）梯形图表达不正确或画法不规范，每处扣 1 分，最多扣 5 分 3）接线图表达不正确或画法不规范，每处扣 1 分，最多扣 5 分 4）指令有错，每条扣 1 分，最多扣 5 分				
安装接线	30 分	1）接线不紧固、不美观，每根扣 2 分，最多扣 10 分 2）接点松动、遗漏，每处扣 0.5 分，最多扣 5 分 3）损伤导线绝缘或线芯，每根扣 0.5 分，最多扣 5 分 4）不按 PLC 控制 I/O 接线图接线，每处扣 2 分，最多扣 10 分				
程序输入与调试	40 分	1）不会熟练操作计算机键盘输入指令，每处扣 1 分，最多扣 5 分 2）不会用删除、插入、修改指令，每项扣 1 分，最多扣 5 分 3）1 次试车不成功扣 8 分，2 次试车不成功扣 15 分，3 次试车不成功扣 30 分				
安全文明生产	10 分	1）违反操作规程，产生不安全因素，酌情扣 5～7 分 2）未按管理要求对实训室进行整理与清扫，酌情扣 1～3 分				
学习心得	根据学习过程谈谈自己的学习感受，如学习收获、遇到的困难、努力方向					

综合评定：

互检得分：　　　　专检得分：　　　　　　综合得分：

说明：综合得分＝0.3×互检＋0.7×专检

填写广告彩灯控制学习任务评价表（表 4-17）。

表 4-17　广告彩灯控制学习任务评价表

评价指标	评价等级			
	A	B	C	D
出勤情况				
工作页填写				
实施记录表填写				
工具的摆放				
清洁卫生				

总体评价（学习进步方面、今后努力方向）：

教师签名：　　　　　　　　　　　　　　　　　　　年　　　月　　　日

巩固练习

1. ROR 是（　　）指令。
   A．循环右移　　　　　　　　　　B．循环左移
   C．字与　　　　　　　　　　　　D．字或
2. RCL 是（　　）指令。
   A．循环右移　　　　　　　　　　B．循环左移
   C．带进位位循环左移　　　　　　D．右移
3. ZRST 是（　　）指令。
   A．循环右移　　　　　　　　　　B．循环左移
   C．区间比较　　　　　　　　　　D．区间复位
4. SFTL 是（　　）指令。
   A．左移位　　　　　　　　　　　B．循环左移
   C．带进位位循环左移　　　　　　D．右移位

参考答案
1. A　2. C　3. D　4. A

任务十二　自动售货机的控制

任务描述

　　用 PLC 对自动售汽水、咖啡机进行控制，可售卖汽水 3 元/瓶、咖啡 5 元/瓶（图 4-13），工作要求如下。

　　1）此售货机可投入 5 元、2 元、1 元纸币，投币口为 X0、X1、X2。

　　2）汽水指示灯 Y13 代表是否可购买汽水。当投入的金额不小于 3 元时，汽水指示灯 Y13 亮，此时按下汽水按钮 X4，则汽水出口 CK1 出汽水，出汽水指示灯亮，20s 后自动停止，出汽水指示灯灭，余额自动扣减 3 元/瓶；当余额不足时，汽水指示灯 Y13 不亮，按下汽水按钮无反应。

　　3）咖啡指示灯 Y14 代表是否可购买咖啡。当投入的金额不小于 5 元时，咖啡指示灯 Y14 亮，此时按下咖啡按钮 X5，则咖啡出口 CK2 出咖啡，出咖啡指示灯亮，20s 后自动停止，出咖啡指示灯灭，余额自动扣减 5 元/瓶；当余额不足时，咖啡指示灯 Y14 不亮，按下咖啡按钮无反应。

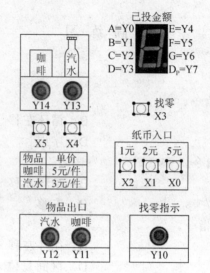

课件：自动售货
机的控制

图 4-13　自动售货机控制示意图

4）当按下找零按钮 X3 时，找零指示灯 Y10 亮，余额自动清零。

5）数码管实时显示余额。

根据任务要求，如果想买到汽水、咖啡，需要对投币数值进行计算，因此，要用到 PLC 的算术运算功能指令。

根据以上的工作任务分析，列出 I/O 分配表，绘制 PLC 接线图，制订合理的设计方案，选择合适的器件和线材，准备好工具和耗材，与组员合作完成自动售货机控制程序的编写调试，并记录实施过程。

学习目标

1）能叙述算术指令（INC、DEC、ADD、SUB、MUL、DIV）的功能，并能正确运用指令编程。

2）能讲述数码管显示指令（SEGD）的功能并能运用指令编程。

3）能根据控制要求，灵活运用比较、算术等功能指令，完成自动售货机控制的程序设计与调试。

4）能实现 PLC 与控制板之间的安装接线，完成自动售货机控制的系统运行和程序调试。

任务结构

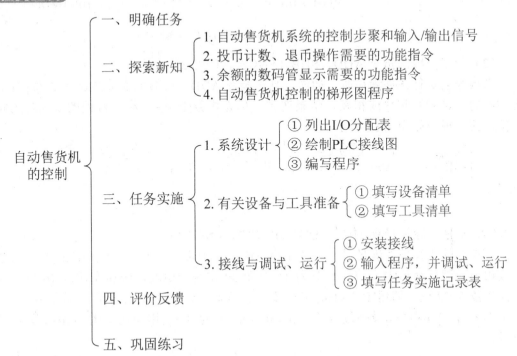

探索新知

◎ **问题引导 1：根据自动售货机的控制要求，控制系统可分为几个控制步骤？有哪些输入/输出信号？**

自动售货机的控制过程可分为加电初始化、投币计数、余额、可购买饮料显示、选择操作、退币操作等步骤。

输入信号：＿＿＿＿＿＿＿＿＿＿＿＿＿＿＿＿＿＿＿＿＿＿＿＿＿＿＿＿＿。

输出信号：＿＿＿＿＿＿＿＿＿＿＿＿＿＿＿＿＿＿＿＿＿＿＿＿＿＿＿＿＿。

◎ **问题引导 2：根据自动售货机的控制步骤，投币计数、退币操作主要需要运用什么功能指令？**

自动售货机的控制的投币计算需要使用运算指令，如加 1、减 1，以及加、减、乘、除等运算指令。

（1）加 1、减 1 运算指令 INC、DEC（FNC30、FNC31）

当指令执行条件满足时，INC、DEC 将指定的目标操作数[D·]中的二进制数自动加 1 或减 1，该指令不影响零标志、借位标志和进位标志，使用说明如图 4-14 所示。

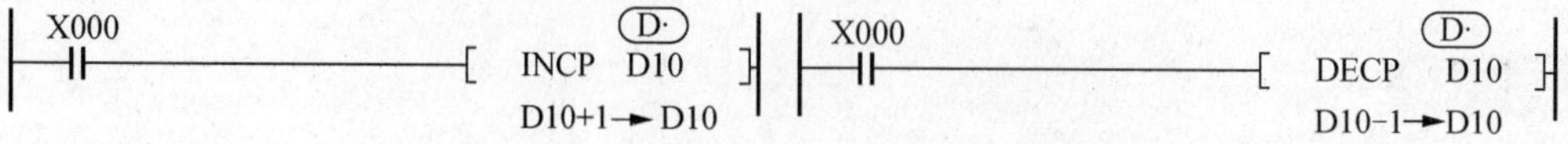

图 4-14　运算指令 INC、DEC 举例

（2）加法、减法指令 ADD、SUB（FNC20、FNC 21）

当指令的执行条件满足时，加法、减法指令 ADD、SUB 将指定的源操作数[S1·]、[S2·]中的二进制数相加或相减，结果送到目标操作数[D·]中，每个数据的最高位为符号位，使用说明如图 4-15 所示。

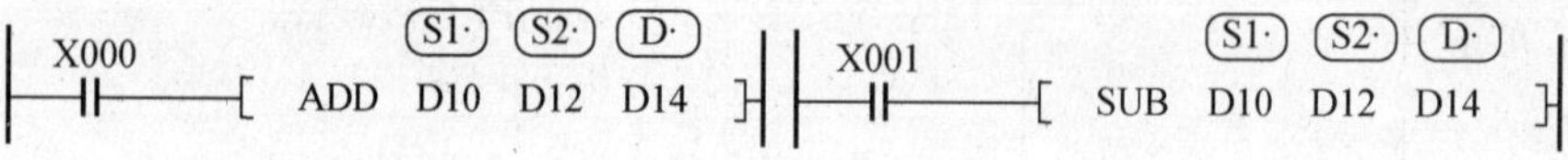

图 4-15　运算指令 ADD、SUB 举例

（3）乘法、除法指令 MUL、DIV（FNC22、FNC 23）

当指令的执行条件满足时，乘法指令 MUL 将指定的源元件[S1·]与[S2·]中的二进制数相乘，然后存于[D·]。MUL 分为 16 位和 32 位两种情况，源操作数是 16 位，目标操作数为 32 位，即用[D＋1]和[D]存放；源操作数是 32 位，目标操作数是 64 位，即用[D＋3]～[D]存放。最高位为符号位，0 为正，1 为负，使用说明如图 4-16 和图 4-17 所示。

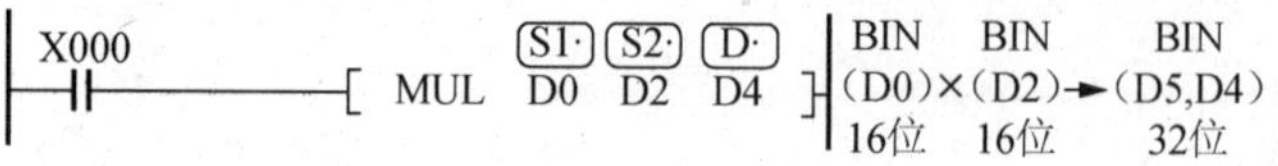

图 4-16　运算指令 MUL 举例（16 位运算）

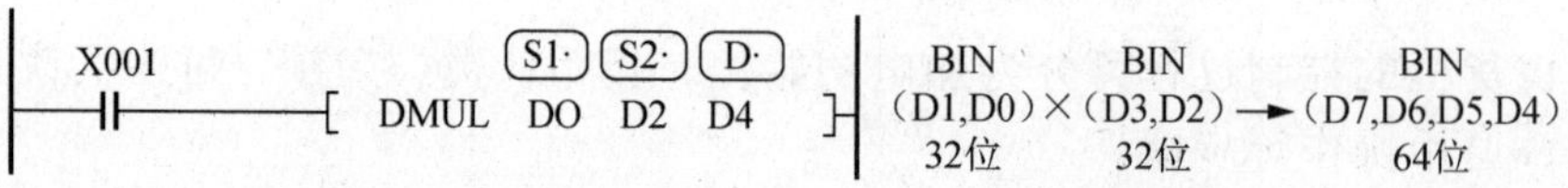

图 4-17　运算指令 MUL 举例（32 位运算）

当指令的执行条件满足时，除法指令 DIV 将指定的源操作数[S1·]、[S2·]中的二进制数相除，[S1·]为被除数，[S2·]为除数，商送到目标操作数[D]中，余数送到目标操作数的下一个操作数[D＋1]中，每个数据的最高位为符号位，使用说明如图 4-18 和图4-19 所示。

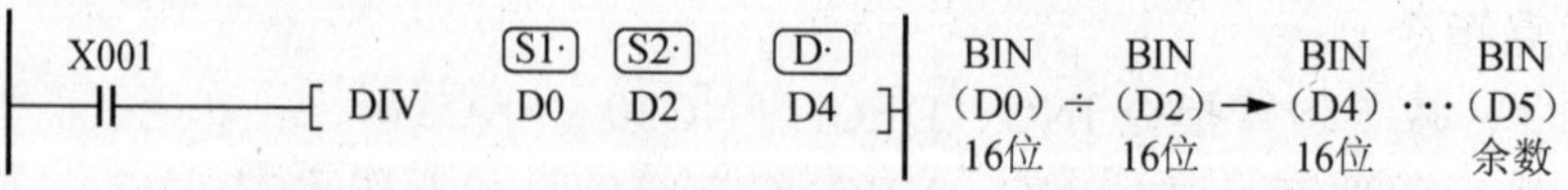

图 4-18　运算指令 DIV 举例（16 位运算）

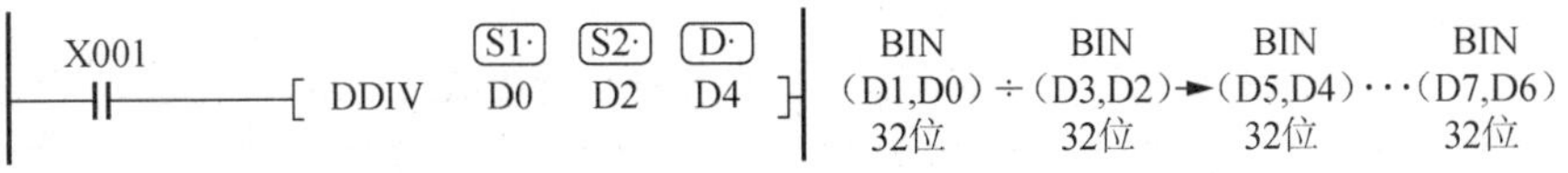

图 4-19 运算指令 DIV 举例（32 位运算）

运算指令使用说明如表 4-18 所示。

表 4-18 运算指令使用说明

使用注意事项如下。

1）INC 和 DEC 指令不影响零标志、借位标志和进位标志。

2）INC 和 DEC 指令需要采用脉冲形式，否则目标操作数中的二进制数每个扫描周期都加 1 或减 1。

3）源操作数和目标操作数可以用相同的元件号。当源操作数和目标操作数元件号相同而采用连续执行的 ADD、（D）ADD 指令时，加法的结果在每个扫描周期都会改变。因此，可以根据需要使用脉冲执行指令的形式加以解决，如图 4-20 所示。

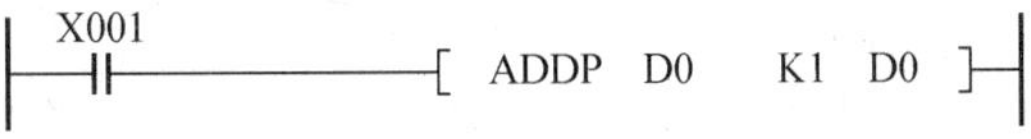

图 4-20 ADDP 用法说明

4）加、减、乘、除运算指令有 3 个常用标志，如表 4-19 所示。

表 4-19 加、减、乘、除运算指令常用标志说明

辅助寄存器	标志类型	置位条件
M8020	零标志	如果运算结果为零，则零标志位 M8020 置 1
M8021	借位标志	如果运算结果小于－32767（16 位）或－2147483647（32 位），则借位标志 M8021 置 1
M8022	进位标志	如果运算结果超过 32767（16 位）或 2147483647（32 位），则进位标志 M8022 置 1

◎ 问题引导 3：根据自动售货机的控制要求，余额的数码管显示需要运用什么功能指令？

余额的数码管显示需要使用译码指令。

七段译码指令 SEGD（FNC73）只将源操作元件的低 4 位中的十六进制数（0～F）译成七段码，同时显示的数据存入目标元件的低 8 位，目标元件的高 8 位不变。七段译码指令使用说明和译码表如表 4-20 和表 4-21 所示。

表 4-20 七段译码指令使用说明

指令名称	助记符功能号	功能	操作数适用元件
七段译码指令	FNC 73 SEGD　P	将源操作元件的低 4 位中的十六进制数（0～F）译成七段码送去显示，译码信息存于目标元件中	字软元件 $\overline{S\cdot}$：K,H KnX KnY KnM KnS T C D V,Z　$\overline{D\cdot}$ 位软元件：X Y M S

表 4-21 七段译码指令译码表

十六进制数	$\overline{S\cdot}$				7 段码的构成	$\overline{D\cdot}$										显示数据
	b3	b2	b1	b0		B15	…	B8	B7	B6	B5	B4	B3	B2	B1	B0	
0	0	0	0	0		—	—	0	0	1	1	1	1	1	1	0
1	0	0	0	1		—	—	0	0	0	0	0	1	1	0	1
2	0	0	1	0		—	—	0	1	0	1	1	0	1	1	2
3	0	0	1	1		—	—	0	1	0	0	1	1	1	1	3
4	0	1	0	0		—	—	0	1	1	0	0	1	1	0	4
5	0	1	0	1		—	—	0	1	1	0	1	1	0	1	5
6	0	1	1	0		—	—	0	1	1	1	1	1	0	1	6
7	0	1	1	1		—	—	0	0	1	0	0	1	1	1	7

续表

十六进制数	b3	b2	b1	b0	7段码的构成	B15	...	B8	B7	B6	B5	B4	B3	B2	B1	B0	显示数据
8	1	0	0	0	B0(上) B5 B6 B1 B4 B2 B3	—	—		0	1	1	1	1	1	1	1	8
9	1	0	0	1		—	—		0	1	1	0	1	1	1	1	9
A	1	0	1	0		—	—		0	1	1	1	0	1	1	1	A
B	1	0	1	1		—	—		0	1	1	1	1	1	0	0	b
C	1	1	0	0		—	—		0	0	1	1	1	0	0	1	C
D	1	1	0	1		—	—		0	1	0	1	1	1	1	0	d
E	1	1	1	0		—	—		0	1	1	1	1	0	0	1	E
F	1	1	1	1		—	—		0	1	1	1	0	0	0	1	F

◎ **问题引导 4：根据自动售货机的控制步骤，分别设计每个控制步骤的梯形图程序。**

根据设计要求，自动售货机的控制程序分为以下五大控制步骤。

（1）加电初始化

M8002 加电初始脉冲，执行 MOV 指令，将余额的数据寄存器 D0 自动清零，如图 4-21 所示。

```
      M8002
0 ──┤ ├────────────────────[ MOV  K0  D0 ]
```

图 4-21 加电初始化

（2）投币计数

X0、X1、X2 为投币识别，每投币一次触发 PLS 上升沿指令，执行 ADD 指令，进行加法运算，对余额数据寄存器 D0 进行相应金额的累加，如图 4-22 所示。

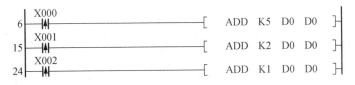

图 4-22 投币计数

（3）余额、可购买饮料显示

利用 SEGD 指令实现余额的实时显示，并利用比较指令 CMP 实现对可购买饮料的显示，如图 4-23 所示。当余额不小于 3 元时，M0 处于 OFF 状态，利用该状态实现汽水可购买信息的显示，汽水指示灯 Y13 亮。根据汽水可购买信息的显示程序，自行编写咖啡可购买信息的显示程序。

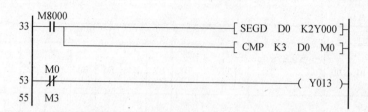

图 4-23　余额、可购买饮料显示

（4）选择饮料操作

当汽水处于可购买状态时，即 Y13 亮，按下选择汽水按钮 X4 后，汽水出水阀执行出水操作，Y11 亮，同时定时器 T0 得电，定时 20s 后，汽水排出完毕，关闭出水阀，并对余额寄存器 D0 进行减法操作，如图 4-24 所示。根据汽水可购买的状态下的执行操作，自行编写咖啡可购买的状态下的执行操作。

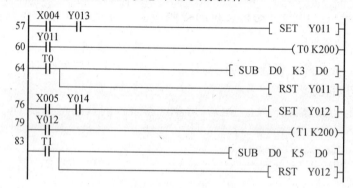

图 4-24　选择饮料操作

（5）退币清零

按下找零按钮 X3，进行退币操作，余额重新清零，如图 4-25 所示。

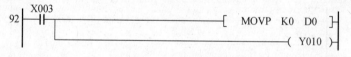

图 4-25　退币清零

根据自动售货机的五大功能的分析，补充咖啡的控制程序，从而完成整个自动售货机的程序设计。

任务实施

一、系统设计

1）列出自动售货机控制的 I/O 分配表（表 4-22）。

表 4-22　I/O 分配表

输入		输出	

2）绘制自动售货机控制的 PLC 外部接线图。

3）编写自动售货机控制的梯形图程序。

二、有关设备与工具准备

1）填写设备清单（表 4-23）。

表 4-23　设备清单

序号	名称	数量	型号规格	单位	借出时间	借用人签名	归还时间	归还人签名	管理员签名	备注

2）填写工具清单（表 4-24）。

表 4-24　工具清单

序号	名称	型号规格	单位	申领数量	实发数量	归还时间	归还人签名	管理员签名	备注

三、接线与调试、运行

1）选好元器件，按设计的接线原理图进行安装接线。

2）输入程序，并调试、运行。

特别提示：工作时，出现事故应立即切断电源并报告指导老师。

3）将本组设计的 PLC 接线图、设计程序、调试结果与其他组进行对比，检查是否正确或相同，在组内和组外进行充分的讨论和修改，得出最佳实施方案。

4）填写自动售货机控制任务实施记录表（表 4-25）。

表 4-25　自动售货机控制任务实施记录表

任务名称		自动售货机的控制					
班级		姓名		组别		日期	
学生过程记录						完成情况	
元器件选择正确							
电路连接正确							
I/O 分配表填写正确							

续表

任务名称	自动售货机的控制				
班级		姓名		组别		日期	
学生过程记录					完成情况
PLC接线图绘制正确					
程序编写正确					

调试记录：小组派代表展示调试效果，接受全体同学的检查，测试控制要求的实现情况，记录过程。

按下5元投币按钮X0，会出现的现象：_____。

按下2元投币按钮X1，会出现的现象：_____。

按下1元投币按钮X2，会出现的现象：_____。

按下找零按钮X3，会出现的现象：_____。

当余额不小于3元时，按下选择咖啡按钮Y14，会出现的现象：_____。

当余额小于3元时，按下选择汽水按钮Y13，会出现的现象：_____。

当余额不小于5元时，按下选择汽水按钮Y13，会出现的现象：_____。

当余额小于5元时，按下选择咖啡按钮Y14，会出现的现象：_____。

评价反馈

填写自动售货机控制评价表（表4-26）。

表4-26 自动售货机控制评价表

项目内容	配分	评分标准	评分			
			互检		专检	
			扣分	得分	扣分	得分
电路设计	20分	1）I/O地址遗漏或错误，每处扣1分，最多扣5分 2）梯形图表达不正确或画法不规范，每处扣1分，最多扣5分 3）接线图表达不正确或画法不规范，每处扣1分，最多扣5分 4）指令有错，每条扣1分，最多扣5分				
安装接线	30分	1）接线不紧固、不美观，每根扣2分，最多扣10分 2）接点松动、遗漏，每处扣0.5分，最多扣5分 3）损伤导线绝缘或线芯，每根扣0.5分，最多扣5分 4）不按PLC控制I/O接线图接线，每处扣2分，最多扣10分				
程序输入与调试	40分	1）不会熟练操作计算机键盘输入指令，每处扣1分，最多扣5分 2）不会用删除、插入、修改指令，每项扣1分，最多扣5分 3）1次试车不成功扣8分，2次试车不成功扣15分，3次试车不成功扣30分				
安全文明生产	10分	1）违反操作规程，产生不安全因素，酌情扣5~7分 2）未按管理要求对实训室进行整理与清扫，酌情扣1~3分				
学习心得	根据学习过程谈谈自己的学习感受，如学习收获、遇到的困难、努力方向					

综合评定：

互检得分：　　　专检得分：　　　　　　　综合得分：

说明：综合得分＝0.3×互检＋0.7×专检

填写自动售货机控制学习任务评价表（表4-27）。

表4-27　自动售货机控制学习任务评价表

评价指标	评价等级			
	A	B	C	D
出勤情况				
工作页填写				
实施记录表填写				
工具的摆放				
清洁卫生				

总体评价（学习进步方面、今后努力方向）：

教师签名：　　　　年　　月　　日

巩 固 练 习

1. INC 是（　　）指令。

    A. 加 1　　　　B. 减 1　　　　C. 多点输入　　　D. 移位输出

2. SUB 是（　　）指令。

    A. 二进制加法　　　　　　　B. 二进制减法

    C. 多点传送　　　　　　　　D. 移位传送

3. WOR 是（　　）指令。

    A. 二进制加法　　　　　　　B. 二进制减法

    C. 字与　　　　　　　　　　D. 字或

4. ADD 是（　　）指令。

    A. 二进制加法　　　　　　　B. 二进制减法

    C. 多点传送　　　　　　　　D. 移位传送

5. PLC 运行后，在算术运算中运算结果有借位时，（　　）接通。

    A. M8020　　　B. M8021　　　C. M8022　　　D. M8023

6. PLC 运行后，在算术运算中运算结果为零时，（　　）接通。

    A. M8020　　　B. M8021　　　C. M8022　　　D. M8023

7. PLC 运行后，在算术运算中运算结果有进位时，（　　）接通。

    A. M8020　　　B. M8021　　　C. M8022　　　D. M8023

8. FX 系列应用指令二进制减一助记符是（　　）。

    A. INC　　　B. DEC　　　C. WAND　　　D. WOR

9. FX 系列 PLC 当加减运算结果为零时，（　　）标志置1。

    A. M8019　　　B. M8020　　　C. M8021　　　D. M8022

10. FX_{2N}系列 PLC 当特殊辅助继电器（　　）变为 ON 时，PC 直至指定的扫描时间到达后才执行循环运算。

　　A．M8036　　　　B．M8037　　　　C．M8038　　　　D．M8039

11. FX 系列应用指令二进制乘法的助记符是（　　）。

　　A．ADD　　　　　B．SUB　　　　　C．MUL　　　　　D．DIV

参考答案

1．A 2．B 3．D 4．A 5．B 6．A 7．C 8．B 9．B 10．D 11．C

任务十三　生产工位呼叫系统的控制

任务描述

生产工位呼叫系统示意图如图 4-26 所示。生产工位呼叫系统工作要求如下。

1）系统具有 8 个生产工位，小车在 8 个生产工位之间移动。

2）小车所停位置号小于呼叫号时，小车右行至呼叫号处停车。

3）小车所停位置号大于呼叫号时，小车左行至呼叫号处停车。

4）小车所停位置号等于呼叫号时，小车原地不动。

5）小车运行时呼叫无效。

6）具有左行、右行方向指示。

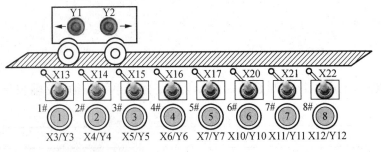

课件：生产工位
呼叫系统的控制

图 4-26　生产工位呼叫系统示意图

学习目标

1）能叙述比较指令（LD>、LD=、LD<）的功能，并能正确运用指令编程。

2）能根据控制要求，灵活运用比较功能指令完成生产工位呼叫系统的程序设计与调试。

3）能实现 PLC 与控制板之间的安装接线，完成生产工位呼叫系统的运行和程序调试。

任务结构

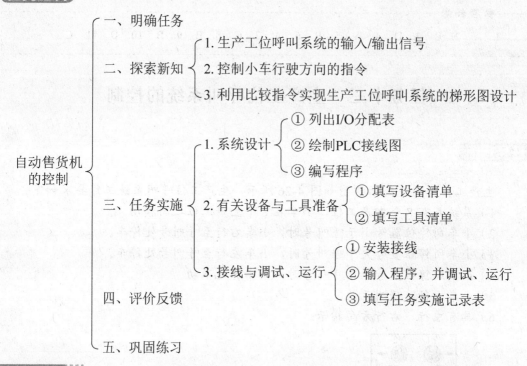

探索新知

◎ **问题引导 1：根据生产工位呼叫系统的控制要求，分析系统的输入/输出信号。**

输入信号：_____。

输出信号：_____。

◎ **问题引导 2：根据生产工位呼叫系统的控制要求，小车的行驶方向的控制需要使用什么指令来实现？**

根据生产工位呼叫系统的控制要求，小车的行驶方向根据位置工位号和呼叫工位号的比较大小来决定，因此需要使用比较指令。

触点比较指令（FNC224-246）使用触点符号进行数据比较，其结果直接决定触点是否接通。此类指令数目较多，共可分为三大类，分别为 LD 触点比较指令、AND 触点比较指令、OR 触点比较指令（表 4-28）。

表 4-28　触点比较指令说明表

助记符	功能号	操作数适用元件	触点接通条件
LD（D）=	FNC224		S1（·）= S2（·）
LD（D）>	FNC225		S1（·）> S2（·）
LD（D）<	FNC226		S1（·）< S2（·）
LD（D）<>	FNC228		S1（·）≠ S2（·）
LD（D）<=	FNC229		S1（·）≤ S2（·）
LD（D）>=	FNC230		S1（·）≥ S2（·）
AND=	FNC232		S1（·）= S2（·）
AND>	FNC233		S1（·）> S2（·）
AND<	FNC234	字软元件　S1· S2·　K,H KnX KnY KnM KnS T C D V,Z　位软元件　X Y M S	S1（·）< S2（·）
AND<>	FNC236		S1（·）≠ S2（·）
AND<=	FNC237		S1（·）≤ S2（·）
AND>=	FNC238		S1（·）≥ S2（·）
OR=	FNC240		S1（·）= S2（·）
OR >	FNC241		S1（·）> S2（·）
OR <	FNC242		S1（·）< S2（·）
OR <>	FNC244		S1（·）≠ S2（·）
OR<=	FNC245		S1（·）≤ S2（·）
OR>=	FNC246		S1（·）≥ S2（·）

◎ **问题引导3：利用比较指令实现生产工位呼叫系统的梯形图设计。**

小车的呼叫位置信号 X3~X12 利用传送指令存储于寄存器 D0；小车的当前位置信号 X13~X22 通过限位开关进行检测，利用传送指令存储于寄存器 D1。通过触点比较指令判断 D0 和 D1 的大小，从而实现小车的左行、右行或停止。生产工位呼叫系统控制参考程序如图 4-27 所示。

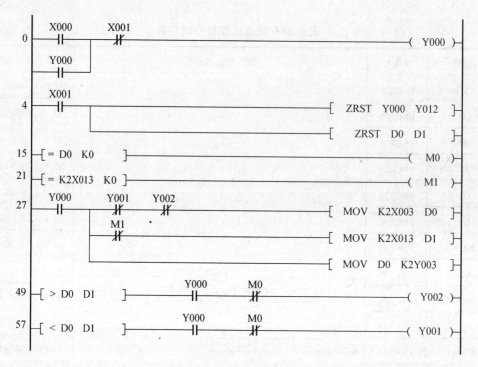

图 4-27　生产工位呼叫系统控制参考程序

任务实施

一、系统设计

1）列出生产工位呼叫系统控制的 I/O 分配表（表 4-29）。

表 4-29　I/O 分配表

输入		输出	

2）绘制生产工位呼叫系统控制的 PLC 外部接线图。

3）编写生产工位呼叫系统控制的梯形图程序。

二、有关设备与工具准备

1）填写设备清单（表 4-30）。

表 4-30　设备清单

序号	名称	数量	型号规格	单位	借出时间	借用人签名	归还时间	归还人签名	管理员签名	备注
1										
2										
3										
4										
5										
6										
7										
8										
9										

2）填写工具清单（表 4-31）。

表 4-31　工具清单

序号	名称	型号规格	单位	申领数量	实发数量	归还时间	归还人签名	管理员签名	备注

三、接线与调试、运行

1）选好元器件，按设计的接线原理图进行安装接线。

2）输入程序，并调试、运行。

特别提示：工作时，出现事故应立即切断电源并报告指导老师。

3）将本组设计的 PLC 接线图、设计程序、调试结果与其他组进行对比，检查是否正确或相同，在组内和组外进行充分的讨论和修改，得出最佳实施方案。

4）填写生产工位呼叫系统控制任务实施记录表（表 4-32）。

表 4-32　生产工位呼叫系统控制任务实施记录表

任务名称			生产工位呼叫系统的控制				
班级		姓名		组别		日期	
学生过程记录							完成情况
元器件选择正确							
电路连接正确							
I/O 分配表填写正确							
PLC 接线图绘制正确							
程序编写正确							

调试记录：小组派代表展示调试效果，接受全体同学的检查，测试控制要求的实现情况，记录过程。

按下按钮 SB1，会出现的现象：_____。

按下按钮 SB2，会出现的现象：_____。

小车所停位置号小于呼叫号时，会出现的现象：_____。

小车所停位置号大于呼叫号时，会出现的现象：_____。

小车所停位置号等于呼叫号时，会出现的现象：_____。

评价反馈

填写生产工位呼叫系统控制评价表（表 4-33）。

表 4-33　生产工位呼叫系统控制评价表

项目内容	配分	评分标准	评分			
			互检		专检	
			扣分	得分	扣分	得分
电路设计	20 分	1）I/O 地址遗漏或错误，每处扣 1 分，最多扣 5 分 2）梯形图表达不正确或画法不规范，每处扣 1 分，最多扣 5 分 3）接线图表达不正确或画法不规范，每处扣 1 分，最多扣 5 分 4）指令有错，每条扣 1 分，最多扣 5 分				
安装接线	30 分	1）接线不紧固、不美观，每根扣 2 分，最多扣 10 分 2）接点松动、遗漏，每处扣 0.5 分，最多扣 5 分 3）损伤导线绝缘或线芯，每根扣 0.5 分，最多扣 5 分 4）不按 PLC 控制 I/O 接线图接线，每处扣 2 分，最多扣 10 分				
程序输入与调试	40 分	1）不会熟练操作计算机键盘输入指令，每处扣 1 分，最多扣 5 分 2）不会用删除、插入、修改指令，每项扣 1 分，最多扣 5 分 3）1 次试车不成功扣 8 分，2 次试车不成功扣 15 分，3 次试车不成功扣 30 分				
安全文明生产	10 分	1）违反操作规程，产生不安全因素，酌情扣 5～7 分 2）未按管理要求对实训室进行整理与清扫，酌情扣 1～3 分				

续表

项目内容	配分	评分标准	评分			
			互检		专检	
			扣分	得分	扣分	得分
学习心得	根据学习过程谈谈自己的学习感受，如学习收获、遇到的困难、努力方向：					

综合评定：

互检得分：　　　　专检得分：　　　　综合得分：

说明：综合得分＝0.3×互检＋0.7×专检

填写生产工位呼叫系统控制学习任务评价表（表4-34）。

表4-34　生产工位呼叫系统控制学习任务评价表

评价指标	评价等级			
	A	B	C	D
出勤情况				
工作页填写				
实施记录表填写				
工具的摆放				
清洁卫生				

总体评价（学习进步方面、今后努力方向）：

教师签名：　　　　年　　月　　日

巩 固 练 习

1. FX$_{2N}$系列PLC为标准实时时钟时，相关的特殊辅助继电器（　　）处于OFF时，无法进行时间寄存器的变更。

A．M8015 时　　　　　　　B．M8016 日

C．M8017 月　　　　　　　D．M8018 年

2. 当计数器C10的当前值为200且X0为ON时，Y1驱动的触点比较指令是（　　）。

A.

B.

C. ├┤ | LD< | K200 | C10 |├┤ X0 (Y1)

D. ├┤ | LD<> | K200 | C10 |├┤ X0 (Y1)

3. 当 D0＝K10 时，CMP（P） K100 D0 M10 指令执行后的结果是（ ）。

    A. M10 ON   B. M11 ON

    C. M12 ON   D. M13 ON

4. FX 系列应用指令中一个数与两个数区间比较的助记符是（ ）。

    A. CMP   B. ZCP   C. HSCS   D. HSZ

5. FMOV K0 D0 K10 指令执行后的结果是（ ）。

    A. D0～D9 ON   B. D0～D9 均为 0

    C. D0～D9 均为 1   D. D0～D9 不变

6. 当条件满足时只执行一次（脉冲执行）将 D10 的内容传送到 D12 中的应用指令表达式是（ ）。

    A. MOV D10 D12   B. DMOV D10 D12

    C. PMOV D10 D12   D. DMOVP D10 D12

7. 4 字节是（ ）位。

    A. 4   B. 8   C. 16   D. 32

8. 下列属于基本指令的是（ ）。

    A. ZRST   B. SFTL   C. INV   D. MOV

9. INC 是（ ）指令。

    A. 加一   B. 减一   C. 多点输入   D. 移位输出

10. FX$_{2N}$ 系列 PLC 实时时钟的年数值初始化显示的是（ ）。

    A. 2 位数   B. 3 位数   C. 4 位数   D. 5 位数

11. 连续执行指令的特点是（ ）。

    A. 执行一次   B. 每周期执行一次

    C. 每周期连续执行多次   D. 初次执行一次

12. 执行语句 MOV K4 K1Y0 后，下面正确的是（ ）。

    A. Y0＝1   B. Y1＝1   C. Y2＝1   D. Y3＝1

13. 十进制数 23 对应的 BCD 码是（ ）。

    A. 00100011   B. 00010111

    C. 00010011   D. 无法确定

14. 在使用 FX$_{2N}$ PLC 控制交通灯时（图 4-28），Y1 接通的时间为（ ）。

    A. 通 25s   B. 通 23s

    C. 通 3s   D. 0～20s 通，20s～23s 以 1Hz 闪烁

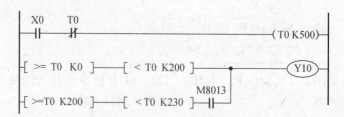

X0
T0
(T0 K500)
[>= T0 K0]
[< T0 K200]
Y10
M8013
[>=T0 K200]
[< T0 K230]

图 4-28　练习题 14 图

15. 程序 X1 —[CMP K100 C10 M10]中，M10 为 ON 的条件是（　　）。

A. C10>100　　B. C10<100　　C. C10＝10　　D. C10≤100

16. FX 系列 PLC 中，M0～M15 中 M0、M3 数值都为 1，其他都为 0，那么 K4M0 数值等于（　　）。

A. 10　　B. 9　　C. 11　　D. 12

17. FX 系列 PLC，32 位的数值传送指令是（　　）。

A. DMOV　　B. MOV　　C. MEAN　　D. RS

18. 当 PLC 运行，且 M10 接通时，执行图 4-29 所示的指令，Y0～Y7 中点亮的灯有（　　）。

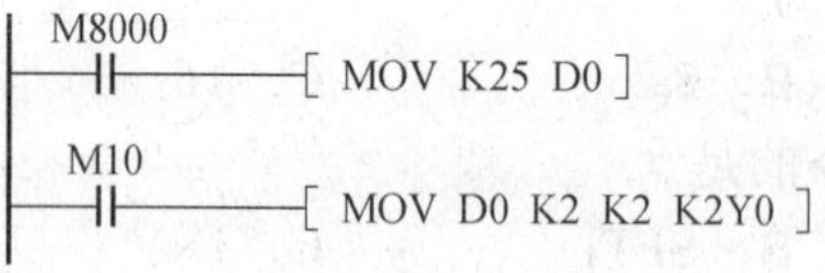

M8000
[MOV K25 D0]
M10
[MOV D0 K2 K2 K2Y0]

图 4-29　练习题 18 图

A. Y0 Y3 Y4　　B. Y0 Y2 Y5　　C. Y1 Y3 Y4　　D. 不可能点亮

19. 在 FX 系列 PLC 中，比较两个数值的大小用的指令是（　　）。

A. TD　　B. TM　　C. TRD　　D. CMP

20. 二进制数 1011101 等于十进制数的（　　）。

A. 96　　B. 95　　C. 94　　D. 93

参考答案

1. A　2. A　3. A　4. B　5. B　6. D　7. C　8. C　9. A　10. A　11. B　12. C　13. A　14. D　15. B　16. B　17. A　18. A　19. D　20. D

拓展知识

常用的功能指令

1. 比较指令

（1）比较指令 CMP（FNC10）

比较指令 CMP 是比较两个源操作数[S1.]与[S2.]的大小，然后将比较结果通过指

定的位元件（占用连续的 3 个点）进行输出的指令。如果目标软元件指定 M0，则 M0、
M1、M2 自动被占用。比较指令 CMP 的使用说明如图 4-30 所示。

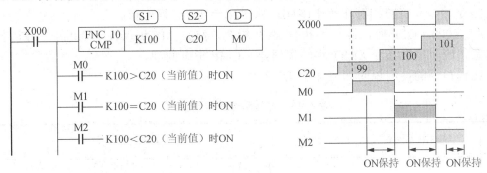

图 4-30　比较指令 CMP 举例

（2）区间比较指令 ZCP（FNC11）

比较指令 ZCP 是将一个数据与两个源操作数进行比较，然后将比较的结果通过指
定的位元件（占用连续的 3 个点）进行输出的指令。区间比较指令 ZCP 的使用说明如
图 4-31 所示。

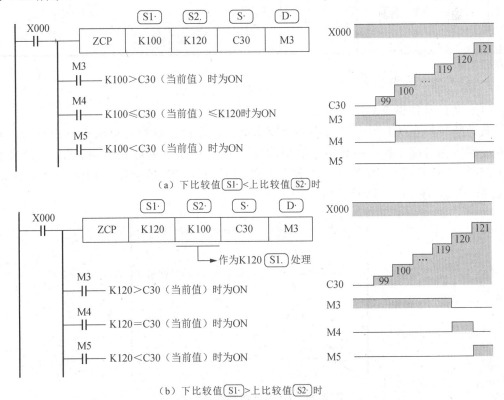

（a）下比较值 S1· ＜上比较值 S2· 时

（b）下比较值 S1· ＞上比较值 S2· 时

图 4-31　比较指令 ZCP 举例

使用注意事项如下。

1）源操作数[S1·]的值不能大于[S2·]的值。例如，[S1·]＝100，[S2·]＝90，则执行 ZCP 指令时，会将[S2·]看作等于[S1·]，即[S2·]＝100 进行比较。

2）X000＝OFF 时，即使不执行 ZCP 指令，M3～M5 仍保持了 X000＝OFF 之前的状态，应用复位指令 ZRST 将结果清除；CMP 指令同理。

比较指令的使用说明如表 4-35 所示。

表 4-35　比较指令的使用说明

指令名称	助记符功能号	功能	操作数适用元件									
比较指令	FNC 10 CMP D P	将源操作数元件 S1 与 S2 进行比较	字软元件	K,H	KnX	KnY	KnM	KnS	T	C	D	V,Z
								位软元件	X	Y	M	S
	FNC 11 ZCP D P	将源操作数元件 S 与 S1、S2 区间进行比较	字软元件	K,H	KnX	KnY	KnM	KnS	T	C	D	V,Z
								位软元件	X	Y	M	S

（字软元件行标注：$\overline{(S1·)\ (S2·)}$，$(D·)$占3点；位软元件行标注：$(D·)$）

（ZCP 字软元件行标注：$\overline{(S1·)\ (S2·)\ (S·)}$，$(D·)$占3点；位软元件行标注：$(D·)$）

2. 程序流程控制指令

（1）条件跳转指令 CJ（FNC10）

条件跳转指令 CJ 用于跳过顺序程序中的某一部分，这样可以减少扫描时间，并使双线圈成为可能。条件跳转指令的用法如图 4-32 所示。指针 P（Point）用于分支和跳步程序。在梯形图中，指针放在左侧母线的左边。FX_{1S} 有 74 点指针（P0~P73），FX_{1N}、FX_{2N} 和 FX_{2NC} 有 128 点指针（P0～P127）。

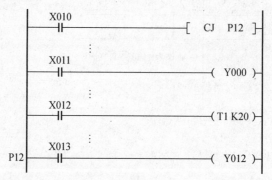

图 4-32　CJ 条件跳转指令举例

（2）主程序结束指令 FEND（FNC06）

主程序结束指令 FEND 不对软元件进行操作，不需要触点驱动，占用 1 个程序步。FEND 指令表示主程序结束，此指令与 END 指令作用相同。CJ 和 FEND 指令的执行过程如图 4-33 所示。

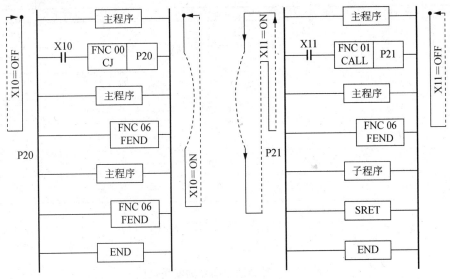

图 4-33　CJ 和 FEND 指令的执行过程

条件跳转指令的使用说明如表 4-36 所示。

表 4-36　条件跳转指令的使用说明

指令名称	助记符功能号	功能	操作数适用元件
条件跳转指令	FNC 00 CJ P	使程序指针跳转到指定位置	P0～P127
主程序结束	FNC 06 FEND	主程序结束	不需要驱动触点的单独指令

3. 时钟指令

（1）时钟读出指令 TRD（FNC166）

时钟读出指令 TRD 将 PLC 内置实时时钟的时钟数据（D8013～D8019）按照图 4-34

所示读出到[D·]～[D·]＋6 中，使用说明如表 4-37 所示，[D·]占用 7 个点的软元件，注意不要与其他控制中使用的软元件重复。

	软元件	项目	时钟数据		软元件	项目
特殊数据寄存器	D8018	年（公历）	0～99（公历后2位数）	→	D0	年（公历）
	D8017	月	1～12	→	D1	月
	D8016	日	1～31	→	D2	日
	D8015	时	0～23	→	D3	时
	D8014	分	0～59	→	D4	分
	D8013	秒	0～59	→	D5	秒
	D8019	星期	0（日）～6（六）	→	D6	星期

图 4-34　时钟读出指令 TRD 读出示意图

表 4-37　时钟读出指令的使用说明

指令名称	助记符功能号	功能	操作数适用元件
时钟读出指令	FNC 166 TRD P	将内置时钟的数据读出	字软元件　K,H KnX KnY KnM KnS T C D V,Z ←(D·)→ 位软元件　X Y M S (D·)占用7点

（2）时钟写入指令 TWR（FNC167）

时钟写入指令 TWR 将设定的时钟数据[D·]～[D·]＋6 写入 PLC 的内置实时时钟数据（D8013～D8019），如图 4-35 所示。[D·]占用 7 个点的软元件，注意不要与其他控制中使用的软元件重复，使用说明如表 4-38 所示。

时钟写入指令实例如图 4-36 所示，设定实时时钟"2001 年 4 月 25 日（星期二）15 时 20 分 30 秒"。

指令输入 FNC 167 TWRP S·

	软元件	项目	时钟数据		软元件	项目	
设定时间用的数据	D10	年（公历）	0～99（公历后2位数）	→	D8018	年（公历）	特殊数据寄存器
	D11	月	1～12	→	D8017	月	
	D12	日	1～31	→	D8016	日	
	D13	时	0～23	→	D8015	时	
	D14	分	0～59	→	D8014	分	
	D15	秒	0～59	→	D8013	秒	
	D16	星期	0（日）～6（六）	→	D8019	星期	

图 4-35 时钟写入指令 TWR 写入示意图

表 4-38 时钟写入指令的使用说明

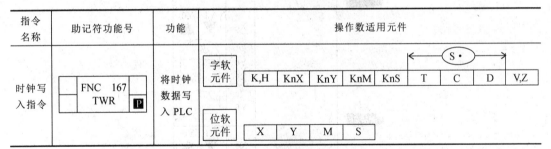

指令名称	助记符功能号	功能	操作数适用元件								
时钟写入指令	FNC 167 TWR P	将时钟数据写入 PLC	字软元件	K,H	KnX	KnY	KnM	KnS	T	C	D	V,Z
			位软元件	X	Y	M	S				

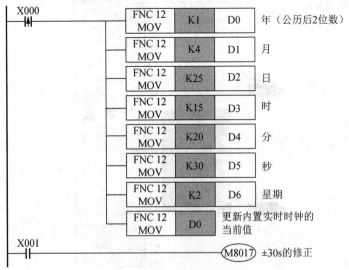

图 4-36 时钟写入指令 TWR 实例

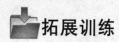

拓展训练

四层电梯的控制

训练描述

四层电梯控制要求如下。

1）电梯设置了起动、停止按钮。

2）每层设置上行和下行按钮，并有上行和下行的指示灯。

3）电梯到达每个楼层有限位开关进行检测，电梯到达后自动开门，并有楼层到达指示灯（图 4-37）。

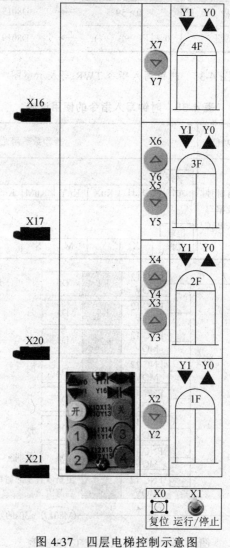

图 4-37　四层电梯控制示意图

训练实施

一、系统设计

1）列出四层电梯控制的 I/O 分配表（表 4-39）。

表 4-39 I/O 分配表

输入		输出	

2）绘制四层电梯控制的 PLC 外部接线图。

3）根据四层电梯的控制要求编写控制程序。

（空白框）

二、有关设备与工具准备

1）填写设备清单（表4-40）。

表4-40　设备清单

序号	名称	数量	型号规格	单位	借出时间	借用人签名	归还时间	归还人签名	管理员签名	备注
1										
2										
3										
4										
5										
6										
7										
8										
9										

2）填写工具清单（表4-41）。

表4-41　工具清单

序号	名称	型号规格	单位	申领数量	实发数量	归还时间	归还人签名	管理员签名	备注

三、接线与调试、运行

1）选好元器件，按设计的接线原理图进行安装接线。

2）输入程序，并调试、运行。

特别提示：工作时，出现事故应立即切断电源并报告指导老师。

3）将本组设计的 PLC 接线图、设计程序、调试结果与其他组进行对比，是否正确或相同，在组内和组外进行充分的讨论和修改，得出最佳实施方案。

4）填写四层电梯控制任务实施记录表（表 4-42）。

表 4-42　四层电梯控制任务实施记录表

任务名称	四层电梯的控制					
班级		姓名		组别		日期	
学生过程记录						完成情况
元器件选择正确						
电路连接正确						
I/O 分配表填写正确						
PLC 接线图绘制正确						
程序编写正确						
调试记录：小组派代表展示调试效果，接受全体同学的检查，测试控制要求的实现情况，记录电梯运行过程						

评价反馈

填写四层电梯控制评价表（表 4-43）。

表 4-43　四层电梯控制评价表

项目内容	配分	评分标准	评分			
			互检		专检	
			扣分	得分	扣分	得分
电路设计	20 分	1）I/O 地址遗漏或错误，每处扣 1 分，最多扣 5 分 2）梯形图表达不正确或画法不规范，每处扣 1 分，最多扣 5 分 3）接线图表达不正确或画法不规范，每处扣 1 分，最多扣 5 分 4）指令有错，每条扣 1 分，最多扣 5 分				
安装接线	30 分	1）接线不紧固、不美观，每根扣 2 分，最多扣 10 分 2）接点松动、遗漏，每处扣 0.5 分，最多扣 5 分 3）损伤导线绝缘或线芯，每根扣 0.5 分，最多扣 5 分 4）不按 PLC 控制 I/O 接线图接线，每处扣 2 分，最多扣 10 分				

项目内容	配分	评分标准	评分			
			互检		专检	
			扣分	得分	扣分	得分
程序输入与调试	40分	1）不会熟练操作计算机键盘输入指令，每处扣1分，最多扣5分 2）不会用删除、插入、修改指令，每项扣1分，最多扣5分 3）1次试车不成功扣8分，2次试车不成功扣15分，3次试车不成功扣30分				
安全文明生产	10分	1）违反操作规程，产生不安全因素，酌情扣5～7分 2）未按管理要求对实训室进行整理与清扫，酌情扣1～3分				
学习心得	根据学习过程谈谈自己的学习感受，如学习收获、遇到的困难、努力方向					

综合评定：

互检得分：　　　专检得分：　　　　　综合得分：

说明：综合得分＝0.3×互检＋0.7×专检

填写四层电梯控制学习任务评价表（表4-44）。

表4-44　四层电梯控制学习任务评价表

评价指标	评价等级			
	A	B	C	D
出勤情况				
工作页填写				
实施记录表填写				
工具的摆放				
清洁卫生				

总体评价（学习进步方面、今后努力方向）：

教师签名：　　　　年　月　日

参 考 文 献

秦春斌，张继伟，2011. PLC 基础及应用教程（三菱 FX$_{2N}$ 系列）. 北京：机械工业出版社.

人力资源和社会保障部教材办公室，2012. PLC 应用技术（三菱　上册）. 北京：中国劳动社会保障出版社.

王建，张宏，2009. 三菱 PLC 入门与典型应用. 北京：中国电力出版社.

王仁超，2014. PLC 基础与实训. 北京：航空工业出版社.

向晓汉，2012. 三菱 FX 系列 PLC 完全精通教程. 北京：化学工业出版社.

张豪，2012. 三菱 PLC 应用案例解析. 北京：中国电力出版社.

钟肇燊，范建东，2015. 可编程控制器原理及应用. 广州：华南理工大学出版社.